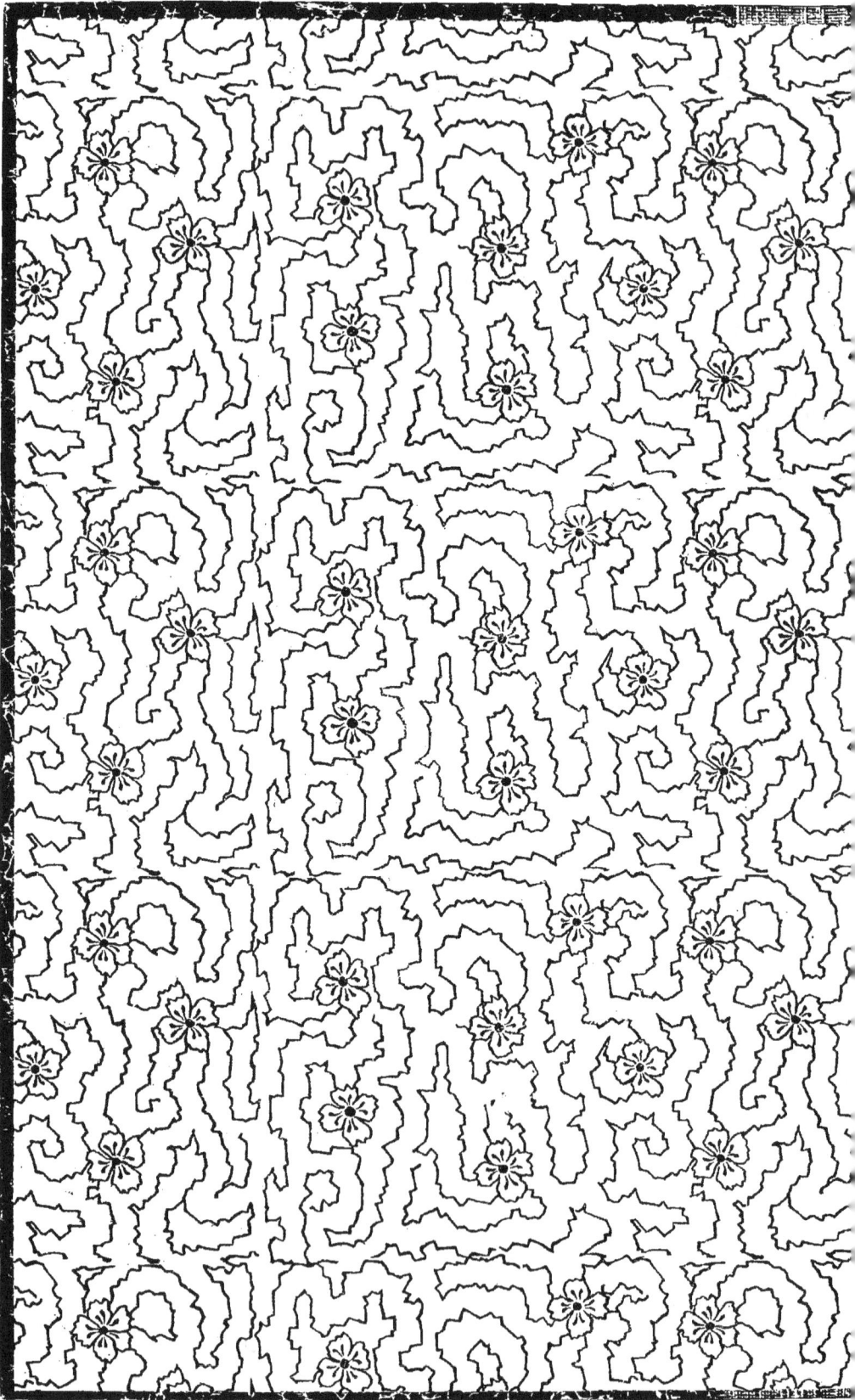

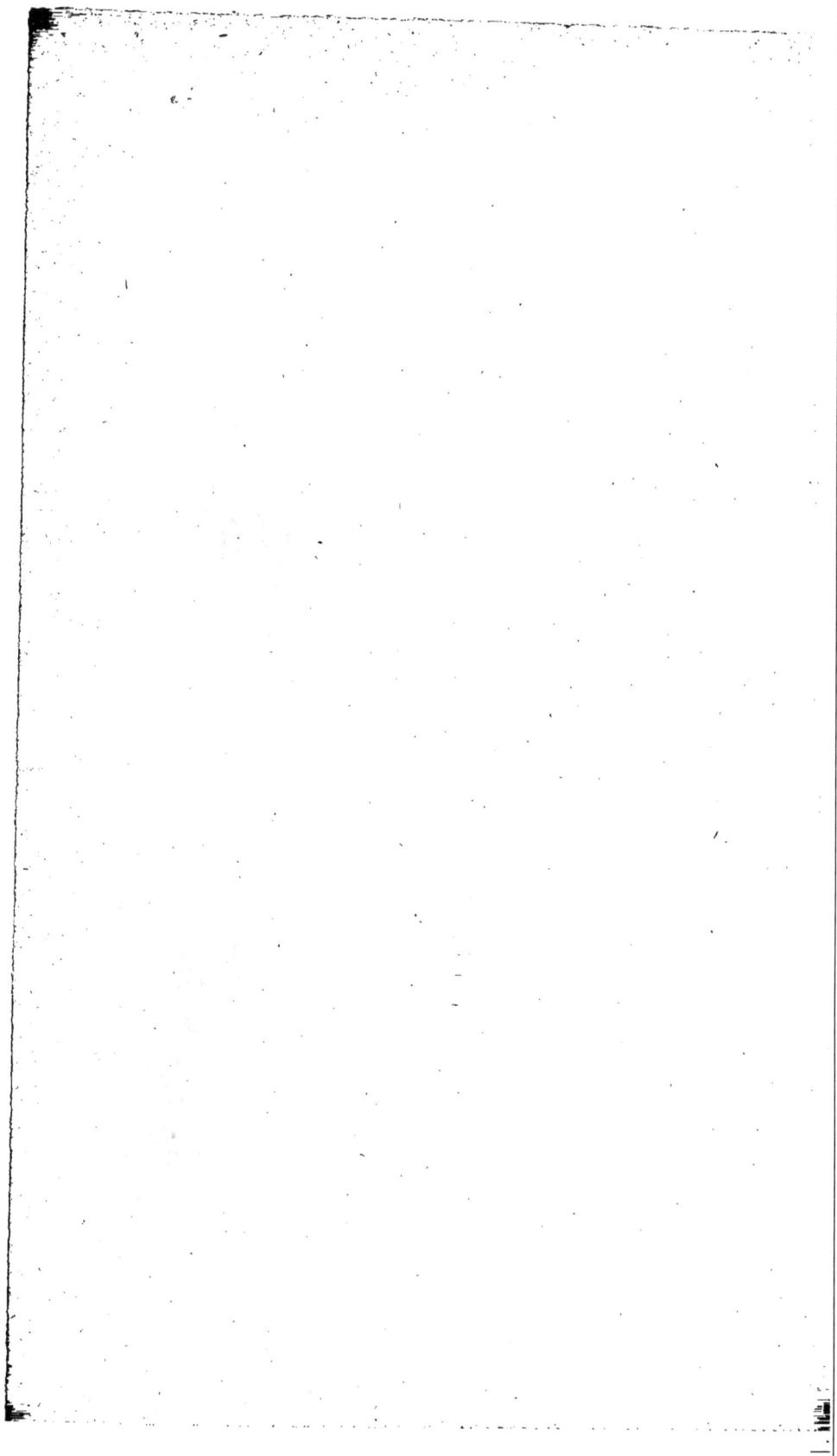

TUNISIE

L'OASIS DE GABÈS

AU POINT DE VUE AGRICOLE

PAR

E. BOUTINEAU

PHARMACIEN AIDE-MAJOR DE PREMIÈRE CLASSE
A L'HÔPITAL MILITAIRE DE GABÈS

J. FRAY

VÉTÉRINAIRE EN 2ᵉ AU 4ᵉ RÉGIMENT
DE SPAHIS (TUNISIE)

LYON

IMPRIMERIE PITRAT AÎNÉ

4, RUE GENTIL, 4

—

1890

TUNISIE

L'OASIS DE GABÈS

AU POINT DE VUE AGRICOLE

INTRODUCTION

Huit ans, à peine, se sont écoulés depuis que la France a étendu son protectorat sur la Tunisie et, pendant ces quelques années, l'agriculture de la régence a fait de nombreux et sérieux progrès. Rassurés sur l'avenir de leur œuvre, les colons se sont mis hardiment à la peine : on a créé des fermes aujourd'hui en plein rapport ; on a étendu la culture de l'olivier ; le gouvernement tunisien a confié à notre corps de forestiers l'exploitation des vastes forêts de chênes-liège de la Kroumirie, et s'est procuré, de ce chef, de précieuses ressources pour son budget. Enfin, pour couronner l'œuvre, il a été créé, à Tunis, une Direction d'agriculture chargée d'éclairer le gouvernement et les colons sur toutes les questions agricoles, de guider l'élevage, de veiller à la prophylaxie des maladies contagieuses, etc. A l'exposition qui eut lieu à Tunis

1

en 1888, sur l'intelligente initiative de M. Charles, inspecteur de l'agriculture, les visiteurs ont pu se rendre compte de la richesse et de la variété des produits agricoles tunisiens.

Malheureusement ce n'est que dans le nord, dans le centre, et surtout sur le littoral de la Régence, jusqu'à Sfax, que l'agriculture a pris ce magnifique essor. Le sud, la région des oasis, a été à peu près complètement négligé. Pourquoi? Est-ce parce que le sol est moins fertile; parce que la sécurité est moins assurée; parce que les moyens de communication avec la France sont plus rares et plus onéreux; parce que les débouchés font défaut, ou parce qu'enfin l'éloignement répugne au colon français et que le sud de la Tunisie..... c'est bien loin de Marseille? Assurément toutes ces raisons ont leur valeur, et nous n'avons pas la prétention de les réduire à néant. Mais peut-être aussi cet abandon du sud tunisien tient-il à ce que cette région est peu connue, qu'on ignore ses ressources, la nature et les besoins du sol, les cultures possibles, productives et rémunératrices, les influences du climat, etc. Autant de points sur lesquels on tient, avec raison, à être renseigné avant de risquer ses peines et ses capitaux.

C'est dans le but de donner des renseignements précis sur toutes ces questions que nous avons entrepris notre étude agricole sur l'oasis de Gabès.

En dehors des oasis la culture est de peu d'importance à cause de la sécheresse, qui rend les récoltes très probléma-tiques. Mais on pourrait avoir recours au forage de puits artésiens, qui ont donné de si brillants résultats à M. Rolland dans l'Oued-Rh'ir (province de Constantine) et que l'on vient d'essayer avec succès à l'Oued-Mélah, près de Gabès, à l'instigation de M. F. de Lesseps et sous la direction de MM. le commandant Landas et l'ingénieur Baronnet. Cette question des puits artésiens est intéressante ; nous en reparlerons.

Ce que nous dirons de l'oasis de Gabès peut s'appliquer à toutes les autres oasis, d'importance diverse, que l'on rencontre en grand nombre dans la région du Sud.

L'OASIS DE GABÈS

— TUNISIE —

Situation. — Importance. — Population (1)

SITUATION ET IMPORTANCE. — L'oasis de Gabès est
située sur les bords de la Méditerranée, au centre du golfe de
Gabès, la Petite Syrte des anciens, par 34° de latitude et 8° de
longitude est. Elle est bornée, au nord, par une plaine inculte
et sablonneuse qui la sépare des petites oasis de Bou-Chemma
et de Granouch, à l'est par la mer, au sud par l'Oued-Gabès;
et à l'Ouest par l'oued et les ravins de Ras-el-Oued. Elle a la
forme d'un triangle irrégulier dont le sommet serait à Ras-el-
Oued, et la base du côté de la mer, sa plus grande dimension de l'est à l'ouest est de 8 kilomètres environ, et sa plus
grande largeur de 2 kilomètres 500 à 3 kilomètres.

Sa superficie est d'environ 2100 hectares; on y compte
plus de 140.000 palmiers.

POPULATION. — Trois villages avoisinent l'oasis : Gabès,
Djarra et Menzel.

Gabès est une petite ville européenne située à 800 mètres
de la mer, au bord de l'oued du même nom, et à proximité

(1) Nous remercions, notre camarade, M. Saïd, interprète militaire, des renseignements qu'il
a mis amicalement à notre disposition.

du camp. Bâtie depuis l'occupation seulement, elle prend chaque jour une extension croissante.

Djarra et Menzel sont deux petites villes arabes situées à 500 mètres l'une de l'autre sur la rive droite de l'oued, à 2 kilomètres de la mer et non loin de l'emplacement de l'antique Tacape.

Dans l'oasis même, plusieurs petits villages arabes, Chenini, Nahal et Oum-el-Naïa, s'abritent sous les palmiers.

La population totale est d'environ 10.000 individus, hommes, femmes et enfants, qui, d'après le recensement de 1889, se répartissent de la façon suivante :

	Français.	212	
	Italiens.	228	
	Espagnols.	6	
	Maltais.	119	
Gabès..	Turcs.	6	849
	Tripolitains.	4	
	Grecs.	12	
	Soudanais.	14	
	Tunisiens (Arabes et juifs).	248	
	Français, 6 ; protégés, 50.	56	
	Italiens.	21	
	Espagnols.	8	
	Maltais.	48	
Djarra.	Turcs.	11	3141
	Tripolitains.	12	
	Égyptien.	1	
	Hollandais.	4	
	Tunisiens (Arabes et juifs : juifs, 500).	2980	
	Espagnols.	10	
	Marocains.	82	
Menzel.	Maltais.	14	4501
	Italiens.	41	
	Anglais.	2	
	Tunisiens (Arabes et juifs ; juifs, 1000).	4352	
	A REPORTER,		8491

	REPORT.	8491	
Chénini. . . Tunisiens.	1072	
Nahal. . . . id.	193	
Oum-el-Naïa . id.	425	2090
Habitations isolées.	400	
TOTAL GÉNÉRAL.	10.581	

Il faut ajouter à ce chiffre la population militaire, qui est d'environ 2000 hommes, y compris le camp de Raz-el-Oued.

Climatologie

TEMPÉRATURE. — Malgré sa situation assez avancée dans le sud, à plus de 400 kilomètres de Tunis, Gabès jouit d'un climat relativement tempéré, grâce à son emplacement au bord de la mer, dont la brise apporte une fraicheur si bienfaisante au moment des fortes chaleurs estivales.

Pour une moyenne de quatre années (1885-86-87-88) la température moyenne de la journée a été, d'après nos observations et nos recherches, de 19°,63 ; la moyenne maxima de 25°,71 ; et la moyenne minima de 13°,55. La température la plus élevée est celle de la journée du 29 août 1885 : maximum 48°,6 ; minimum 27°. — Parfois, au mois de janvier, la température descend à 0° et même au dessous, et on peut constater, le matin, qu'une très légère couche de glace s'est formée pendant la nuit ; mais on n'a jamais vu tomber de la neige. La température moyenne des minima du mois de janvier 1885 a été de + 3°,8 ; celle de janvier 1887 de + 2°,5. Dans ce dernier mois on a noté sept températures à 0° et une à — 1°. La température la plus basse des quatre années a été de — 1°,5, le 16 janvier 1885.

SAISONS. — Du 15 février à la fin de mai, la température est douce et agréable, tiède pendant la journée et fraîche le matin et le soir : c'est le printemps. Les fortes chaleurs commencent au mois de juin et finissent aux derniers jours d'octobre. Juillet, août et septembre sont particulièrement chauds; mais ce sont les chaleurs du mois de septembre qui sont les plus pénibles à supporter en raison du degré d'humidité de l'air, des temps orageux, de la fatigue éprouvée pendant les mois précédents et de la violence du siroco.

A partir du mois de novembre la température s'abaisse notablement; les nuits deviennent fraîches : c'est l'automne, qui se prolonge jusqu'à fin de décembre. L'hiver, qui correspond à janvier et février, est généralement très doux.

VENTS. — Deux vents se partagent l'année d'une façon à peu près régulière : le vent d'est et le vent d'ouest. Du mois d'avril au mois d'octobre, le vent d'est, vent de la mer, souffle quotidiennement à l'exception des jours de siroco : c'est la brise de mer qui, chaque après-midi, vient tempérer les fortes chaleurs des jours d'été. Du mois d'octobre au mois d'avril, le vent d'ouest, vent de terre, se fait sentir presque constamment. Ce vent, chaud en automne, souvent frais en hiver, s'accompagne de tourbillons de sable et, pour cette raison, on lui donne, à tort, le nom de siroco : c'est le *gheurbi* des Arabes.

Le vent du nord s'observe rarement; quelquefois en hiver, il amène la pluie. Les jours, heureusement peu nombreux, où souffle le vent du sud, qui est le véritable siroco (en arabe *guébli*), l'air est lourd, brûlant; la respiration est difficile; on éprouve un état de nervosisme, de malaise et d'abattement; et les tempéraments les plus énergiques n'échappent pas à cette influence. L'atmosphère est obscurcie par le sable; le thermomètre monte à 42°, 46° et même jusqu'à 48°,6 comme on l'a vu au mois d'août 1885.

PRESSION ATMOSPHÉRIQUE. — Les variations de la pression atmosphérique sont assez irrégulières ; cependant d'une manière générale, on peut dire qu'elles sont en rapport avec la direction du vent et l'état hygrométrique de l'air. Les jours de siroco, la pression barométrique diminue et l'air devient très sec. Nous citerons, comme exemples, les observations météorologiques du 29 août 1885 et du 16 juillet 1888.

29 *Août* 1885.

Baromètre réduit à zéro.	753,83
Thermomètre maxima (à l'ombre).	+48°,6
— minima.	+27°
— sec.	+44°
— mouillé.	+26°
Tension de la vapeur.	9,89
Humidité relative.	24
Direction du vent, l'après-midi.	Sud
Intensité du vent à 9 heures du matin.	1

16 *Juillet* 1888.

Baromètre réduit à zéro.	755,74
Thermomètre maxima.	+46°
— minima.	+23°,4
— sec à 9 heures du matin.	+30°
— mouillé à 9 heures du matin.	+24°
Tension de la vapeur.	8,11
Humidité relative.	55
Direction du vent.	Sud
Intensité du vent.	1

Cette baisse barométrique se constate aussi, mais à un degré moindre les jours de vent d'ouest.

Par contre, lorsque le vent vient de la mer (vent d'est), on voit le baromètre monter, comme on peut le remarquer dans les trois observations météorologiques ci-dessous, où le vent avait une intensité différente.

9 *Mars* 1886.

Baromètre à zéro.	772,14
Thermomètre maxima..	+10°
— minima..	+11°
Tension de la vapeur.	8,76
Humidité relative.	70
Direction du vent.	Est
Intensité du vent.	1

20 *Janvier* 1888.

Baromètre à zéro.	773,4
Thermomètre maxima..	+13°,6
— minima..	+ 4°,8
Tension de la vapeur.	6,81
Humidité relative.	74
Direction du vent.	Nord-Est
Intensité du vent.	2

24 *Octobre* 1887.

Baromètre à zéro.	768,15
Thermomètre maxima.	+21°,2
— minima..	+14°
Tension de la vapeur.	9,78
Humidité relative.	67
Pluie (le soir et la nuit).	50mm
Direction du vent.	Nord-Est
Intensité.	3

Il résulte de ces différents tableaux que la baisse barométrique se constate surtout par les vents du sud et du sud-ouest.

On pourrait donc prédire quelques heures à l'avance l'arrivée du siroco. Une dépression barométrique notable, un grand écart entre le thermomètre sec et le thermomètre mouillé, un ciel d'un bleu terne, grisâtre, l'horizon sombre, voilé, peu ou pas de vent dans la matinée : voilà autant de signes qui serviront de base à un pronostic presque certain.

HUMIDITÉ. — Nous venons de dire que l'air devient très sec les jours de siroco ; mais c'est une exception : habituellement le climat de Gabès est très humide, à cause du voisinage de la mer. Cette humidité débilitante qui gêne la respiration, qui provoque des sueurs abondantes, est la principale cause de la fatigue que l'on éprouve pendant l'été.

La moyenne annuelle de l'humidité relative est de 66.

PLUIE. — La pluie est très rare à Gabès. Il ne pleut jamais ou presque jamais pendant les mois de mai, juin, juillet et août. Les premiers orages se produisent en septembre ; la pluie est assez fréquente dans la deuxième quinzaine de ce mois.

En octobre elle atteint son maximum (15 centimètres en moyenne). Elle devient beaucoup plus rare en novembre, décembre, janvier et février, mais on l'observe assez souvent pendant le mois de mars. La moyenne des pluies pendant l'année est de $0^m,1699$.

Un des plus forts orages que nous ayons vus à Gabès est celui du 24 octobre 1887. Il est tombé ce jour-là 50 millimètres de pluie (voir les observations météorologiques du dernier tableau ci-dessus).

L'année 1889 a été exceptionnellement pluvieuse.

Voici quels sont les signes précurseurs de la pluie : très légère dépression barométrique de 1 à 2 millimètres, rapprochement entre les indications du thermomètre sec et celles

du thermomètre mouillé ; ciel couvert ; direction du vent :
nord, nord-est ou nord-ouest.

La pluie a une influence considérable sur les cultures et
les récoltes qui se font en dehors de l'oasis. Si elle tombe en
abondance au mois d'octobre, les Arabes ensemencent la terre
arable d'orge ou rarement de blé. La récolte est alors à la
merci d'une ou deux averses qui arrivent ordinairement en
mars et qui, bien qu'assez faibles — 1 à 2 centimètres —
permettent néanmoins aux céréales de lever et de mûrir dans
de bonnes conditions. Si les pluies printanières font défaut,
ce qui arrive quelquefois, ou bien si elles tombent trop tardi-
vement, le succès des récoltes ensemencées est très com-
promis.

C'est aux deux époques de pluie dont nous venons de parler,
automne et printemps, que doivent se faire tous les semis.
En été comme en hiver, la végétation subit un véritable
arrêt ; l'été est brûlant et l'hiver est plus accentué qu'à Sfax,
Sousse, Djerba et autres points du littoral. C'est pour cette
raison que, au point de vue de la culture des primeurs, Gabès
se trouve dans des conditions relativement défavorables.

SITUATION HYGIÉNIQUE. — Les maladies les plus fréquentes sont la fièvre typhoïde, la dysenterie et la fièvre
paludéenne. Chez les Arabes, la variole cause parfois une
assez grande mortalité.

Une indisposition incommode habituellement les Européens, les Français en particulier, pendant les premières
semaines de leur séjour à Gabès, c'est la diarrhée d'acclima-
tement. On attribue généralement ce malaise à l'eau, qui est
indigeste et magnésienne. Sans vouloir aller à l'encontre de
cette opinion, nous croyons pouvoir dire que l'eau ne doit
pas seule être incriminée, car certaines personnes n'ayant bu
que de l'eau distillée, ou de l'eau de Saint-Galmier, n'en ont

pas moins payé leur tribut à la diarrhée gabésienne. Peut-être
y a-t-il dans l'air, comme dans l'eau, un microbe spécial
capable de déterminer l'indisposition dont il s'agit? Quoi qu'il
en soit, l'influence du climat se fait sentir dans les 3 ou 4 premiers jours et dure 2 à 3 semaines, quelquefois même davantage, selon les tempéraments.

En résumé, nous pouvons conclure de nos observations
climatologiques que le climat de Gabès n'est pas trop malsain,
qu'il est assez tempéré et qu'il n'est désagréable que par la
fréquence des vents de terre connus sous le nom de siroco
et par son degré d'humidité assez élevé. Dans l'oasis, le
siroco se fait à peine sentir, car il est arrêté par les palmiers
qui forment un abri contre les tourmentes de poussière; aussi
le séjour de l'oasis est-il plus agréable que celui de Gabès-
Port qui est situé sur les bords d'un oued fangeux et dans
une plaine couverte de sables mouvants.

Agrologie. — Régime des Eaux

TERRAIN. — Le terrain de l'oasis (quaternaire) se compose d'une couche de terre arable formée d'humus, de sable
gypseux et marneux, reposant sur un sous-sol à base de gypse
magnésien.

RÉGIME DES EAUX. — L'oasis est arrosée par les eaux de
nombreuses sources qui sourdent des ravins de Ras-el-Oued;
elles se réunissent pour former deux oueds (ruisseaux) qui
coulent parallèlement de l'ouest à l'est, séparés par une
petite colline de 150 à 200 mètres de largeur. L'oued qui est
le plus au nord est recueilli au moyen d'un barrage; il forme
un petit étang de 5 à 6 mètres de profondeur, 50 mètres de

longueur et 30 mètres de largeur, en face du village de Maïta. De là partent quatre à cinq ruisseaux qui traversent l'oasis de part en part et donnent naissance à des milliers de petits canaux d'importance diverse. Ces canaux serpentent en méandres capricieux, s'entrecroisent de manière à former un véritable réseau, se subdivisent à leur tour, pour aboutir enfin à chaque jardin, à chaque carré de terrain ensemencé.

Le deuxième oued, d'un débit à peu près égal au précédent, contourne l'oasis au sud ; ses eaux ne sont utilisées qu'en été au moyen d'un barrage situé au sud du village de Chénini. Le génie militaire a établi un autre barrage en avant de Menzel, en face de l'ancienne ville romaine de Tacape, afin de conduire l'eau de l'oued au camp de Gabès.

Le niveau du lit de l'oued sud est beaucoup moins élevé que celui de l'oued nord.

Les différents canaux servant à l'irrigation sont tout simplement creusés dans la terre. Généralement assez mal tracés, ils sont surtout beaucoup trop larges ; ces dimensions exagérées enlèvent à la culture une partie assez considérable d'un terrain précieux. D'autre part, comme les berges s'effondrent fréquemment, les Arabes perdent beaucoup de temps à les réparer ; il est vrai que, pour les Arabes, le temps est un facteur de peu d'importance.

Lorsqu'ils veulent procéder à l'arrosage, les indigènes établissent dans chaque canal qui entoure les jardins, de petits barrages construits en branches agglutinées avec de la terre humide. Cette besogne leur coûte parfois cinq ou six heures de travail. De simples vannes rempliraient beaucoup mieux le but ; elles permettraient de réaliser une sérieuse économie de temps, de mieux réglementer les distributions pour l'arrosage et de mieux utiliser l'eau qui est souvent dépensée en pure perte. Ce dernier point a bien son importance, surtout à l'époque des fortes chaleurs, où les besoins d'inonder sont

plus fréquents, et où le débit de l'oued capté diminue sensiblement.

La quantité d'eau que reçoit l'oasis est énorme ; mais la moitié au moins s'en va à la mer sans avoir pu être utilisée. Si
l'Administration du Protectorat voulait s'immiscer dans cette
question si intéressante du régime des eaux, elle pourrait
presque doubler l'étendue de l'oasis. Au nord, la plaine située
entre l'oasis de Gabès et Bou-Chemma est tout à fait inculte ;
cependant une zone de deux ou trois cents mètres de largeur
sur environ cinq kilomètres de longueur pourrait être irrigué,
avec le système des eaux actuel. Depuis deux ou trois ans, les
Arabes commencent à défricher un peu cette région pour y
planter des palmiers. Au surplus si l'on forait des puits artésiens aux environs de la petite oasis de Bou-Chemma, il est
très probable que l'on obtiendrait un résultat satisfaisant, vu
la proximité des puits de l'Oued-Mélah, des petites sources
naturelles de Granouch et des sources de Ras-el-Oued, dont
la composition des eaux est à peu près la même, comme on
le verra par l'examen comparatif des tableaux d'analyses que
nous publierons plus loin.

Au sud, la plaine de Gabès pourrait être également cultivée
et transformée en oasis en utilisant, pour faire mouvoir des
pompes élévatoires, la chute d'eau du barrage que le génie
militaire a construit en avant de Menzel.

Ces pompes amèneraient l'eau dans un réservoir qui serait
situé sur le petit mamelon de Tacape ; de là on pourrait irriguer presque toute la plaine jusqu'à Gabès. Outre qu'elle per-
mettrait la mise en culture de terrains jusque-là stériles, cette
nouvelle distribution des eaux de l'oued aurait encore pour
avantage de faire disparaître en grande partie le sable qui rend
parfois désagréable le séjour de Gabès-Port.

De même qu'à Bou-Chemma, des puits artésiens creusés
sur le flanc des collines de Métrech, versant nord, auraient de

grandes chances de réussite. Les sources des quatre petites
oasis avoisinantes, Zrig, Ménara, Téboulbou et Métrech ont,
en effet, des eaux de composition chimique à peu près iden-
tique et dont la température est sensiblement la même :
$+ 25°$ pour Téboulbou et Métrech, $+ 24°$ pour Ménara et $+ 26°$
pour Zrig. Ces quatre oasis sont très rapprochées ; la plus
grande distance de Tréboulbou à Métrech est de 1500 mètres
environ ; leurs sources viennent probablement de la même
nappe d'eau ; elles sourdent à 17 ou 20 mètres au-dessus du
niveau de la mer.

Compostion chimique des eaux

Nous allons donner, d'après nos analyses, la composition
chimique des eaux qu'on utilise à Gabès pour l'alimentation
et l'arrosage. Toutes nos analyses ont été faites par la méthode des pesées ; les résultats sont donnés pour un litre.

1° SOURCE DE ZRIG. — La moitié de cette source a été
captée par le service du génie et conduite au camp de Gabès,
dont elle est distante de trois kilomètres environ. Les eaux de
cette source alimentent toute la garnison de Gabès.

Température de l'eau à la source.	$+ 26°$
Densité à $+ 27°,7$.	1002
Matières fixes à $+ 100°$.	$2^{gr},832$
Acide carbonique..	$0^{lit},020$
Acide sulfurique..	$0^{gr},860$
Chlore.	0,481
Acide silicique.	0,0605
Matières organiques (poids total).	0,10
Bicarbonate de chaux, magnésie, alumine et fer.	0,088
Chaux.	0,376

Magnésie.	0,154
Fer et alumine.	traces.
Soude.	0,4125
Acide azotique.	traces.

Les matières organiques réduisent à 0^{gr},01501 de permanganate de potasse et absorbent 0,0038 d'oxygène.

Cette eau, filtrée à l'appareil Chamberland, donne : matières organiques réduisant 0^{gr},0028 de permanganate et absorbant 0^{gr},0007 d'oxygène.

2° Source de Téboulbou. — Cette source située au sud-est de la précédente, à 5 kilomètres de Gabès, a un débit deux ou trois fois plus considérable que celui des sources des autres petites oasis.

Température de l'eau à la source.	+ 25°
Densité à + 16°.	1002
Extrait sec à + 100°.	2^{gr},915
Acide carbonique.	0^{lit},022
Acide sulfurique.	0^{gr},890
Chlore.	0,505
Bicarbonate de chaux, magnésie, fer, alumine.	0,082
Chaux.	0,37
Magnésie.	0,169
Soude.	0,457

Matières organiques réduisent à 0^{gr},079 de permangate de potasse ; absorbent 0^{gr},002 d'oxygène.

Analyse hypothétique :

Sulfate de chaux.	0^{gr},9
Sulfate de soude.	0,639
Chlorure de magnésium.	0,401
Chlorure de sodium.	0,304
Etc., etc...	

La comparaison des tableaux des analyses ci-dessus montre que les sources de Zrig et de Teboulbou ont une composition chimique peu différente. Il en est de même pour les eaux qui servent à l'irrigation des oasis de Gabès. Ainsi l'eau de la source Logerot, située à l'extrémité des jardins de la troupe à Ras-el-Oued, vers l'origine de l'Oued-Gabès, a la composition suivante :

Température de l'eau à la source.	$+ 23°,5$
Densité à $+ 13°,5$.	1002
Extrait sec à $+ 100°$.	$2^{gr},92$
Acide carbonique.	$0^{lit},025$
Acide sulfurique.	$0^{gr},992$
Chlore.	0,566
Bicarbonate de chaux, magnésie, fer et alumine.	0,107
Chaux.	0,373
Magnésie.	0,164
Soude.	0,595

Matières organiques réduisent à $0^{gr},0237$ de permanganate de potasse.

Matières organiques absorbent $0^{gr},0006$ d'oxygène.

Analyse hypothétique :

Sulfate de chaux.	$0^{gr},906$
Sulfate de soude.	0,814
Chlorure de magnésium.	0,453
Chlorure de sodium.	0,389

Toutes ces eaux sont séléniteuses, peu potables, mais très suffisantes pour les besoins de la culture. Les jardins de Ras-el Oued possèdent de superbes cressonnières, indice certain d'une eau bonne pour l'arrosage.

Nous avons dit que des tentatives de forages artésiens, au nord de l'oasis, entre Bou-Chemma et Granouch, seraient

2

très probablement couronnées de succès. Notre opinion se basait sur la présence des sources de Bou-Chemma et Granouch, de la Métouïa et des puits de l'Oued-Mélah. Elle est corroborée par nos analyses de ces eaux que nous allons faire connaître :

1° ANALYSE DE L'EAU D'UN PUITS ARTÉSIEN SITUÉ AUX PETITES OASIS DES AUÏNET (propriété de l'*Oued-Mélah*). Le puits est foré dans un terrain de Sebkra, à une petite distance de l'oasis de la Métouïa, à 1500 mètres environ de la source qui arrose cette oasis. Le débit est considérable, 3000 litres par minute ; l'eau jaillit à 5 mètres au-dessus du sol ; la profondeur du puits est de 89 mètres :

Eau limpide, d'une saveur lourde et légèrement salée.

Température à la sortie du tube.	$+ 24°,3$
Densité à $+ 27°$.	1002
Extrait à $+ 100°$.	$4^{gr},165$
Acide carbonique..	$0^{lit},018$
Acide sulfurique..	$1^{gr},032$
Chlore.	1,055
Bicarbonate terreux, alumine et fer.	0,051
Chaux.	0,65
Magnésie.	0,174
Soude.	0,729

Analyse hypothétique :

Sulfate de chaux..	$1^{gr},58$
Sulfate de soude..	0,181
Chlorure de magnésium.	0,412
Chlorure de sodium..	1,231

Cette eau n'est pas potable ; mais elle est suffisante pour l'arrosage et la culture des palmiers.

2° ANALYSE DE L'EAU DE LA SOURCE NATURELLE DE LA MÉTOUÏA.

— Cette source est située sur la route de Gafsa, à 15 kilomètres de Gabès, à l'ouest de l'oasis de la Métouïa ; elle arrose toute cette oasis qui est très productive et très peuplée.

Eau limpide, d'une saveur lourde, un peu salée, cependant plus agréable à boire que celle des puits artésiens.

Température de l'eau à la source.	$+ 24^o,5$
Densité à $+ 27^o$.	1002
Extrait sec à $+ 100^o$.	$3^{gr},575$
Acide carbonique.	$0^{lit},020$
Acide sulfurique.	$0^{gr},957$
Chlore.	0,788
Bicarbonate terreux, alumine et fer.	0,074
Chaux.	0,517
Magnésie.	0,133
Soude.	0,652

Analyse hypothétique :

Sulfate de chaux.	1,255
Sulfate de soude.	0,388
Chlorure de magnésium.	0,316
Chlorure de sodium.	0,909

Ces analyses démontrent que les eaux de l'Oued-Mélah et de la Métouïa ont de nombreux points de ressemblance avec celles de Métrech et de Ras-el-Oued. Si elles sont un peu plus riches en éléments minéraux, cela tient à la différence d'altitude et à la nature du terrain, qui est gypseux et calcaire à Ras-el-Oued, tandis qu'il est salin à la Métouïa. Comme conclusion, il y a tout lieu de présumer que la nappe d'eau est la même dans tous ces points et c'est un argument sérieux en faveur de l'idée de forage de puits artésiens.

Peut-être nous objectera-t-on que, si les puits artésiens réussissent, ce sera aux dépens des sources actuelles provenant de la même nappe d'eau ; un puits fera tort à l'autre.

C'est l'objection faite par MM. Laffite et Servonnet au commandant Landas, dont le projet était de « faire des puits artésiens partout où ce se sera possible; capter les sources, indiquer les terrains où les nappes d'infiltration sont abondantes; déterminer les travaux nécessaires pour amener toutes ces eaux à la surface, etc. » (Lettre du commandant Landas, *in Le Golfe de Gabès en* 1888, par MM. Laffite et Servonnet).

A la suite des forages des puits de l'Oued-Mélah, le débit de la source d'Ouderef, oasis à 3 ou 4 kilomètres au nord-ouest de l'Oued-Mélah, aurait diminué. On a voulu voir dans cette coïncidence une relation de cause à effet. Certes, l'objection est loin d'être dénuée de valeur; cependant nous ferons remarquer que : 1° la diminution de la source d'Ouderef est bien minime, comparée aux abondantes nappes d'eau que donnent les quatre puits de l'Oued-Mélah, dont l'un a un débit de douze mètres cubes d'eau à la minute; 2° les espérances du commandant Landas et les nôtres sont justifiées par les magnifiques résultats obtenus par MM. Just et Rolland dans l'Oued-Rh'ir, où de nombreux forages exécutés dans la même nappe d'eau ont été couronnés de succès et ont rendu très fertile toute une région à peu près inculte.

Ces diverses opinions concordent également avec celles émises dans un travail publié cette année dans le *Journal de Chimie et de Pharmacie* : les eaux artésiennes du Sahara, par M. Lahache, pharmacien aide-major de 1ʳᵉ classe à l'hôpital militaire de Biskra. « Quant à la permanence de l'eau artésienne, elle nous paraît incontestable. Si, dans l'Oued Rh'ir, plusieurs forages trop rapprochés, atteignant la même cuvette, ont pu diminuer le débit des puits donnant issue à l'eau de cette cuvette, il n'en faut pas conclure pour cela que la multiplicité des forages amènerait l'épuisement des nappes; elles ont pour origine des sources continues aussi inépuisables que les sources du Rhin ou de la Loire. »

Or, la région de Gabès est très favorisée au point de vue de la quantité des sources jaillissantes naturelles, ce qui peut la faire comparer à celle de l'Oued-Rh'ir. Peut-être aussi les eaux gabésiennes obéissent-elles aux lois énoncées dans le travail de notre camarade.

1° Le niveau hydrostatique des eaux des nappes jaillissantes est d'autant plus élevé que les nappes sont plus profondes;

2° Le débit des sources artésiennes croît avec la profondeur des nappes;

3° La quantité des sels dissous diminue à mesure que la profondeur des nappes augmente;

4° Le poids et le groupement des sels dissous ne varient pas sensiblement avec les saisons ni avec les années. Dans les eaux analysées jusqu'à ce jour, les quantités de sels varient entre 3 et 15 grammes;

5° Le sulfate de chaux domine dans les eaux artésiennes; puis viennent par ordre de décroissance, les chlorures alcalins, les carbonates terreux, etc.;

6° Toutes les eaux artésiennes contiennent des azotates, sans qu'on puisse appliquer à ces sels la loi 3°. On trouve tantôt plus d'azote dans une cuvette supérieure que dans une cuvette inférieure et inversement (azote à l'état d'acide azotique combiné), mais en général on peut dire que la proportion d'acide azotique combiné varie peu dans les eaux artésiennes.

D'après ces lois, les puits forés à Gabès seraient plus profonds qu'à l'Oued-Mélah (voir le tableau des analyses ci-joint). Nous pouvons mettre à l'appui de cette hypothèse un sondage de 90 mètres, exécuté infructueusement par le génie militaire en 1886, à Sidi-Boul-Baba, à 3 kilomètres au sud-ouest de Gabès.

Le tableau suivant mettra mieux en évidence toutes les analogies sur lesquelles nous avons insisté.

TABLEAU COMPARATIF DES ANALYSES D'EAU

	ZRIG	TÉBOULBOU	SOURCE LOGEROT	OUED-MELAH	MÉTOUÏA
Température. . . .	+ 26°	+ 25°	+ 23°,5	+ 24°,3	+ 24°,5
Densité..	1002	1002	1002	1002	1002
Extrait sec à + 100°..	2^{gr},832	2^{gr},915	2^{gr},92	4^{gr},165	3^{gr},575
Acide carbonique. . .	0^{lit},020	0^{lit},022	0^{lit},025	0^{lit},018	0^{lit},020
Acide sulfurique. . .	0^{gr},860	0^{gr},890	0^{gr},992	1^{gr},032	0^{gr},957
Chlore.	0,481	0,505	0,566	1,085	0,788
Bicarbonates. . . .	0,038	0,082	0,107	0,051	0,074
Chaux.	0,376	0,370	0,373	0,650	0,517
Magnésie.	0,154	0,169	0,164	0,174	0,133
Soude.	0,4125	0,457	0,595	0,729	0,652
Sulfate de chaux. . .	0^{gr},913	0^{gr},90	0^{gr},106	1^{gr},58	1^{gr},255
Sulfate de soude. . .	0,573	0,639	0,814	0,181	0,388
Chlorure de magnésium	0,365	0,401	0,453	0,412	0,316
Chlorure de sodium .	0,343	0,304	0,389	1,231	0,909

Agriculture

DESCRIPTION DE L'OASIS. — Par le luxe et l'intensité de sa végétation, par la richesse et la variété de ses cultures et de ses produits, par son aspect de vie exubérante que, par un effet de contraste, l'aspect morne, grisâtre, désolé de la plaine qui l'environne met encore en relief, enfin par le spectacle merveilleux, grandiose qu'elle présente aux yeux éblouis du voyageur, l'oasis de Gabès a fait de tout temps et fait encore aujourd'hui l'admiration de tous ceux qui l'ont visitée. Les descriptions pittoresques et enthousiastes des anciens, de Pline en particulier, ont conservé toute leur précision et toute leur saveur.

Les grands palmiers aux troncs élancés, nus, écailleux,

grisâtres, sont couronnés de luxuriantes frondaisons d'un vert sombre, pailleté d'or par les nombreux régimes de dattes. Sous la voûte de verdure formée par les palmiers croissent les arbres fruitiers et quelques essences forestières : les abri cotiers et les pêchers aux troncs énormes, les amandiers, les pistachiers, les bananiers, les grenadiers, les trembles et, enfin, courant d'un arbre à l'autre, suspendant à tous les rameaux ses longs sarments flexibles, la vigne, qui étale ses lourdes grappes aux merveilleuses dimensions. Sous les arbres on cultive les céréales, les légumes, la luzerne, le henné, etc., etc... De cette façon, comme Pline en avait déjà fait la remarque, on trouve toujours deux ou trois récoltes superposées. Ajoutez à ce tableau ravissant le ciel toujours bleu, les mugissements lointains et affaiblis de la mer s'harmonisant avec le bruit du vent, à travers le feuillage, le gazouillis des ruisseaux qui cascadent à travers l'oasis... et vous avez un des plus charmants décors qu'il soit possible de rêver.

Telle est l'oasis de Gabès considérée dans son ensemble.

Nous allons maintenant étudier en détail ses différentes cultures. Nous passerons successivement en revue les arbres fruitiers, les essences forestières, les plantes industrielles, les céréales, les légumes et les plantes fourragères ; nous donnerons ensuite quelques notions sur les animaux domestiques utilisés dans le sud de la Tunisie et nous examinerons les procédés de culture mis en pratique par les Arabes. Enfin, nous terminerons notre étude par quelques considérations sur les améliorations à apporter, au point de vue agricole, dans l'oasis de Gabès, sur les moyens à employer pour augmenter la superficie de cette oasis, et sur l'introduction des plantes nouvelles qui nous paraissent devoir être recommandées.

Arbres fruitiers

PALMIERS. — Les palmiers *(Phœnix dactylifera* L.), ces princes du règne végétal, comme les appelle Linné, sont le plus bel ornement et la principale richesse de l'oasis. Leur tronc ou stype droit, rugueux, cylindrique, d'une épaisseur variant de 30 à 60 centimètres, atteint souvent plus de 20 et 25 mètres de hauteur. Le palmier est extrêmement précieux pour les Arabes, qui en retirent les produits les plus variés : le tronc et les branches *(djérid)* constituent les matériaux de construction les plus usités par les indigènes ; les dattes sont leur principale nourriture ; la sève qu'ils recueillent par les procédés que nous étudierons plus loin, leur donne une boisson enivrante connue sous le nom de *lagmi*. Il n'est pas jusqu'aux spadices, ou rameaux qui portent les fruits, qui ne soient utilisés : ils sont employés à faire des liens, des petits balais pour nettoyer les tentes, etc.

MULTIPLICATION DES PALMIERS. — Le palmier se reproduit de deux façons : par rejeton ou par graine. Les Arabes pratiquent de préférence la multiplication par la méthode des rejetons. Il n'est pas rare de rencontrer au pied des palmiers des petites tiges, parfois au nombre de cinq ou six, qu'on appplle des surgeons. Au mois d'avril ou au mois d'octobre on sépare ces jeunes tiges du tronc qui leur a donné naissance, en ayant soin de leur conserver leurs racines ; après avoir taillé l'extrémité de leurs branches, on les transporte dans un terrain humide et meuble, où on les recouvre de feuillages pour abriter leurs jeunes pousses contre l'ardeur des rayons du soleil. Cette manière d'opérer réussit presque toujours. Elle a l'avantage de donner des indications certaines sur le sexe et la variété des jeunes plants, et elle permet d'obtenir en 6 ou 7 ans, c'est-à-dire beaucoup plus tôt que par semis, des palmiers donnant des dattes.

La multiplication par les semis est pratiquée beaucoup plus rarement, parce qu'elle ne donne des résultats qu'à plus longue échéance. Cependant nous avons vu, au domaine de l'Oued-Mélah, des pépinières obtenues par ce procédé. M. Dœreux, qui régit l'exploitation, prétend même que les semis sont préférables aux surgeons transplantés; que beaucoup de ces derniers, dont le prix d'achat est assez élevé, ne reprennent pas dans les terrains de l'Oued-Mélah, et qu'en fin de compte il y a bénéfice de temps et d'argent à planter des noyaux de dattes. Nous reproduisons cette opinion, bien qu'elle soit contraire à celle des Arabes, parce qu'elle est basée sur des faits. Il est certain qu'en pareille matière c'est l'expérience seule qui pourra démontrer quelle est la méthode préférable à suivre. Le palmier exige pour son développement un terrain très humide et très meuble, où il puisse enfoncer profondément ses longues racines fusiformes. On a dit souvent, et avec raison, qu'il devait avoir les pieds dans l'eau et la tête dans le feu.

FÉCONDATION DES PALMIERS. DATTES. — La floraison du palmier se fait au mois d'avril. C'est un arbre dioïque; il y a par conséquent des pieds mâles et des pieds femelles. Ces derniers seuls produisent des dattes; aussi sont-ils de beaucoup les plus nombreux. On compte environ un palmier mâle pour cent palmiers femelles.

Vers la fin de mars on voit à l'aisselle des feuilles terminales se développer de longs spadices enveloppés dans une spathe coriace qui s'ouvre longitudinalement au moment de l'anthèse. Avant que les spathes mâles ne soient arrivées à leur complet développement, les Arabes les coupent à la base et

transportent au milieu de chaque spadice femelle un petit
rameau de fleurs mâles, qu'ils maintiennent par un lien. La
fécondation est alors assurée par le vent et les insectes. Les
fruits ne tardent pas à se former et les dattes arrivent à maturité au mois de septembre ou au mois d'octobre.

Un palmier femelle en plein rapport porte en moyenne
de dix à quatorze régimes. Il commence à donner des dattes
vers la dixième année; à cet âge, le tronc atteint environ un
mètre de hauteur. Tous les deux ans les palmiers donnent
une récolte abondante. Dans les jardins de Menzel et de Chénini, chaque palmier produit pendant une année 6 ou 7 *ouibas*
de dattes, soit 240 à 280 litres (dattes avec leurs rameaux);
mais l'année suivante le rapport n'est plus que de 3 ou 4 ouibas (120 à 160 litres). Comme tous les palmiers ne donnent
pas en même temps leur récolte abondante, il en résulte que
la moyenne de rendement ne varie guère d'une année à
l'autre : 5 ouibas par pied à Menzel et à Chénini. Dans les
jardins de Djarra et de Nahal la récolte de dattes est bien inférieure, tant au point de vue de la qualité que de la quantité;
elle ne dépasse guère 5 ouibas dans l'année d'abondance et
3 ouibas dans l'année suivante.

Les Arabes distinguent, parait-il, plus de cinquante variétés
de ces fruits. Malheureusement les dattes de Gabès sont
bien inférieures à celles de Tozeur et de Nephta; celles de
Djarra et de Nahal sont même de qualité très médiocre.
Elles n'en constituent pas moins une précieuse ressource
pour l'alimentation des indigènes. Les noyaux, après avoir
été grossièrement concassés, servent à la nourriture des
animaux.

A l'automne, époque où se fait le commerce des dattes, un
hectolitre vaut 4 fr. 30 et paye un droit de massoulath de
25 pour 100 du prix de vente. Chaque pied de palmier est,
en outre, taxé d'un impôt de 6 caroubes (24 centimes)

dont 1 caroube pour le cheick et 1 caroube pour l'enregis-
trement.

LAGMI *(el eugmi* en arabe). — Pour se procurer le lagmi,
on commence par couper les feuilles terminales du palmier
choisi dans cette intention, et on recouvre les plaies ainsi
faites d'un paillasson assez épais. Puis, avec un gros couteau
bien tranchant on racle la tête du palmier et on fait une incision circulaire, en forme de rigole, où viennent se déverser
les exsudations. Une canule convenablement adaptée permet
de recueillir le liquide dans une gargoulette. Chaque jour,
matin et soir, il faut monter au sommet de l'arbre pour bien
nettoyer les parties incisées et s'assurer que l'écoulement se
fait dans de bonnes conditions. Un palmier peut produire du
lagmi pendant deux ou trois mois. Les quatre ou cinq premiers
jours, le rendement est faible et de qualité médiocre ; le lagmi
possède un goût âcre assez prononcé. Les jours suivants il
devient sucré et plus abondant ; du dixième au vingtième jour
il est de qualité supérieure ; il est encore très recherché jusqu'au trentième jour. Plus tard, on ne le consomme plus que
lorsqu'il a subi la fermentation : cette opération est des plus
simples. Il suffit d'exposer au soleil pendant toute une journée des gargoulettes contenant dix à quinze litres de lagmi
pour que la fermentation commence et que le liquide devienne
aigre : le second jour, on verse la gargoulette dans une grande
jarre où la fermentation s'achève vers le troisième ou le qua-
trième jour : la sève du palmier est alors transformée en vin
de palmier.

Au moment même où on le recueille, le lagmi a l'apparence
du petit lait ; mais après la fermentation il devient plus clair
et ressemble un peu au vermouth. Dans les quatre ou cinq
premiers jours, le rendement quotidien n'est guère que de trois
ou quatres litres ; mais il s'élève à dix et même à douze litres

au bout de la première semaine. Le lagmi se vend ordinairement :

1re qualité,	2 caroubes le litre..	. . . . . .	8 centimes.
2e —	1 — 1/2 —	. . . . . .	6 —
3e —	1 — —	. . . . . .	4 —
Vin de palmier à jus fermenté 2 caroubes le litre. .			8 —

On utilise ordinairement pour la production du lagmi les
palmiers qui ne donnent qu'une faible récolte de dattes.

Quand l'arbre producteur du lagmi est destiné à être abattu,
on fait durer la récolte jusqu'à ce que l'écoulement de sève
se tarisse. Le palmier est alors découpé en madriers qui se
vendent 1 franc à 1 fr. 50 pièce. Un palmier de grande taille
peut fournir de vingt à trente madriers.

Si l'on veut conserver le palmier, l'opération ne doit durer
qu'un mois et demi ou deux mois au maximum. Pour arrêter
l'écoulement de la sève, il suffit de ne plus toucher aux incisions, qui ne tardent pas à se cicatriser spontanément. Le palmier pousse rapidement des bourgeons qui se développent
en bouquet terminal et au bout de quinze jours les branches
(djérid) atteignent déjà près de 50 centimètres de longueur.
Mais le tronc conserve, sous forme d'un étranglement très
marqué, les traces indélébiles de l'incision circulaire qu'on
lui a faite, et ce n'est qu'au bout de trois ans que l'arbre
mutilé peut reproduire des dattes.

L'opération du lagmi peut être pratiquée plusieurs fois sur
le même palmier, mais à plusieurs années d'intervalle.

Rapportons ici une opinion assez singulière qui a cours
chez les Arabes et dont nous n'avons pas été à même de véri-
fier l'exactitude ; il suffit de frotter vigoureusement avec des
oignons les incisions d'un palmier à lagmi pour que l'écoulement de la sève se tarisse au bout de trois ou quatre jours et
que l'arbre meure à bref délai. C'est une plaisanterie de

mauvais goût ou une petite vengeance que les indigènes se permettent assez fréquemment, parait-il, entre voisins.

L'impôt sur le lagmi est assez élevé ; ainsi, chaque palmier lagmifère doit payer au fermier des Massoulath une taxe de 5 francs, qui est souvent réduite à 3 et même 2 francs.

Le palmier coupé et disparu n'en continue pas moins de payer l'impôt au cheick jusqu'au passage d'une nouvelle commission de recensement. Il est vrai que pendant ce temps les jeunes palmiers arrivés à la période de rapport ne sont pas soumis à l'impôt ; mais la compensation n'est qu'approximative. Il est à désirer que les recensements, qui n'ont lieu que tous les quinze ou vingt ans, soient faits plus souvent et plus régulièrement. La justice y gagnera et le trésor n'y perdra pas, au contraire.

BANANIER. — Le bananier se multiplie par boutures que l'on plante en mars et avril, à une profondeur de 20 à 25 centimètres dans un terrain substantiel, légèrement ameubli, mais non fumé. Il faut choisir un endroit bien abrité, où les palmiers puissent protéger les jeunes plants contre les fortes chaleurs, contre le siroco brûlant, et contre la brise de mer, dont les effluves salins sont très nuisibles au développement du bananier. Il faut, en outre, que la plantation soit faite au voisinage et même sur le bord d'un canal d'irrigation : c'est la condition *sine qua non* pour réussir ; car le bananier exige un sol toujours humide et de fréquents arrosages à la période estivale. Au bout de deux ou trois ans, le plan arrive à donner des fruits, et meurt ; mais alors la tige mère est remplacée par les surgeons qui, chaque année, poussent à ses pieds, de sorte que la production n'est jamais interrompue. La floraison se fait en mai, juin et juillet, et les bananes arrivent à maturité du mois d'août à la fin de décembre et même plus tard.

Un régime, de dimension moyenne, porte de 60 à 70 bananes et se vend couramment 3 ou 4 francs.

GRENADIER. — Le grenadier *(Punica granatum* L.) vient admirablement dans l'oasis. Il demande peu de soins. Ses belles fleurs d'un rouge vif éclatant apparaissent au mois de mai; ses beaux fruits vermeils mûrissent en septembre, octobre et novembre. Les grenades de Gabès sont remarquables par leur grosseur et leur bonne qualité. Le grenadier donne des fruits à partir de l'âge de trois ou quatre ans; un seul arbuste peut porter jusqu'à quatre-vingts grenades, qui se vendent 4 centimes la pièce sur le marché de Gabès. On sait que les fleurs du grenadier sont employées comme astringent et que l'écorce de la racine est un anthelminthique fréquemment usité.

AMANDIER. — Il y a beaucoup d'amandiers dans l'oasis, ils viennent bien et donnent des amandes de bonne qualité.

ABRICOTIER. PÊCHER. PRUNIER. — Les abricotiers sont nombreux; ils acquièrent des proportions triples et quadruples des abricotiers de France. Leurs fruits sont petits et souvent d'une saveur aigrelette. Les pêchers et les pruniers sont plus rares; ils viennent assez bien, malheureusement ils ne donnent que des fruits de qualité inférieure, que les Arabes cueillent avant complète maturité.

POIRIER. POMMIER. COGNASSIER. — Peu nombreux, donnant des fruits très petits et acides, les poiriers, les pommiers et les cognassiers, pourraient, ainsi que les pêchers, les abricotiers et les pruniers, être greffés avantageusement avec les bonnes variétés de France.

FIGUIER. — La qualité des figues de l'Arad *(Arrad : nom*

arabe du territoire de Gabès) est médiocre, car les bonnes figues proviennent des pays montagneux. La cueillette se fait au mois d'août.

CITRONNIER. ORANGER. — Le citronnier et l'oranger sont très peu cultivés dans l'oasis de Gabès, sauf à Chenini et à Menzel. On les trouve en plus grande quantité dans la petite oasis de Téboulbou, où ils sont d'ailleurs de fort belle venue.

PISTACHIER. — Le pistachier est aussi peu répandu; mais il mériterait peut-être d'être cultivé sur une plus grande échelle. Il se reproduit facilement par semis, fleurit en février et donne sa récolte en juillet et août.

OLIVIER. — L'olivier vient bien dans l'oasis; on le cultive particulièrement à Zrig et à Téboulbou. Il donne des fruits de bonne qualité, dont on n'extrait qu'une huile assez médiocre, à cause de l'imperfection du matériel des huileries arabes.

Le tronc de l'olivier est souvent envahi à sa base par une multitude de champignons qui, au dire des indigènes, épuisent sa vitalité. Pour se débarrasser de ces parasites, les Arabes les brûlent sur place et favorisent la cicatrisation de la plaie par un enduit de terre glaise. Chaque pied d'olivier paye un droit de 4 caroubes (16 centimes) (droit Kanoun).

VIGNE. — La vigne trouve dans l'oasis des conditions de terrain et de milieu favorables à son développement. Elle atteint des dimensions gigantesques. Les Arabes suspendent aux palmiers ses longs sarments qu'ils retiennent fixés au moyen de petites cordes à une hauteur de 10 à 15 mètres. Un seul pied de vigne peut couvrir trois ou quatre palmiers.

Pour faire la taille, taille très primitive d'ailleurs, et pour faire
la cueillette, on détache les sarments pour les descendre à la
portée de la main. La vigne fleurit en avril, mai ; les raisins
mûrissent en juillet, août et septembre. Il y en a de rouges et
de blancs ; tous sont d'excellente qualité. Les grappes atteignent des proportions énormes ; il n'est pas très rare d'en
trouver ayant 30 centimètres de longueur. Une treille peut
donner jusqu'à 100 kilogrammes de raisins. Il est probable
que, si la taille de la vigne était faite d'une manière plus rationnelle, la récolte serait encore plus abondante.

ESSENCES FORESTIÈRES. — En dehors des arbres fruitiers on ne rencontre dans l'oasis qu'un petit nombre de peu-
pliers, de trembles et de mûriers. Ces derniers étaient autre-
fois très répandus dans l'oasis où, au dire de quelques histo-
riens, la sériciculture était très florissante. Nous ne savons
pas jusqu'à quel point cette assertion est fondée, mais aujour-
d'hui on ne trouve plus trace de l'élevage du ver à soie.

Plantes industrielles

HENNÉ. — Le henné (Lawsonia inermis, famille des Lythra-
riées) est un arbuste vivace, de 1ᵐ,50 de hauteur, qui s'obtient
par graines. Les semis se font au mois de juin dans un terrain
bien ameubli ; les indigènes choisissent de préférence les
champs qui viennent de produire des oignons.

L'arbuste met trois ans pour atteindre son développement
complet. Pendant l'automne de la troisième année, on le coupe
à quelques centimètres au-dessus du sol. Désormais la récolte
est annuelle, car les racines ont alors assez de vigueur pour
produire chaque année un arbuste nouveau. Un champ de

henné, dans ces conditions, continue à végéter vigoureusement pendant près de cent ans, au dire des Arabes.

La récolte peut se faire indifféremment au printemps ou à
l'automne, quelquefois même dans chacune de ces saisons ;
mais dans l'oasis de Gabès on ne fait généralement qu'une
coupe, qui a lieu de préférence à l'automne, par un temps sec.
On fait sécher au soleil les branches coupées ; puis, après avoir
mis de côté la graine, on les dépouille de leurs feuilles.
Celles-ci sont écrasées et pulvérisées, et la poudre ainsi
obtenue, délayée et macérée dans de l'eau, donne cette cou-
leur rouge-brun que l'on connait. Le henné est employé à
une foule d'usages ; il sert à la toilette des femmes ; c'est avec
le henné qu'elles se colorent les pieds, les mains, les ongles ;
qu'elles se teignent les cheveux, etc... On l'emploie contre
les affections du cuir chevelu si fréquentes chez les enfants.
C'est encore avec le henné que l'on panse la plupart des plaies
du sloughi ou du cheval ; enfin on l'utilise pour teindre certaines étoffes.

Un hectare de henné en plein rapport peut quelquefois
donner annuellement 15 quintaux métriques de feuilles. Le
quintal se vendait ordinairement 120 francs ; mais il s'est
produit une baisse considérable sur son prix de vente, qui est
descendu à 70 ou 80 francs.

Depuis quelques années, la culture du henné diminue sensiblement dans l'oasis de Gabès, et voici pourquoi : on cultive
maintenant le henné dans l'oasis de Tripoli, où il vient très
bien et donne toujours deux récoltes par an ; de plus, le terrain, à Tripoli, a moins de valeur qu'à Gabès ; enfin les droits
d'importation en Tunisie ne sont que de 8 pour 100, tandis
que les Tunisiens payent un droit de 25 pour 100 sur le prix
de vente. Pour toutes ces raisons, il est difficile de soutenir
la concurrence avec Tripoli ; aussi la culture du henné tend à
se restreindre, à Gabès, aux besoins de la consommation locale.

Coton. — Le coton *(Gossypium herbaceum* L.) est un arbuste qui vient très bien dans l'oasis, où les Arabes ne le cultivent guère que comme plante d'ornement. Il y aurait lieu, à notre avis, d'étendre sa culture. Les quelques essais que nous avons tentés nous ont démontré que le terrain et le climat lui convenaient très bien. Semé au mois d'avril, il pousse rapidement, prend les proportions d'un véritable arbuste, fleurit en juillet, août et septembre et, peut se récolter en novembre, décembre. On taille les branches tous les ans au mois de février. Deux pieds, que nous avons semés dans ces conditions, nous ont donné plus de 500 fruits. Le coton ainsi obtenu n'est peut-être pas de première qualité, mais on pourrait l'utiliser dans la confection des tissus ordinaires.

Arachide. — L'arachide *(Arachis hypogæa* L.) est une plante annuelle dont la tige atteint dans l'oasis 3 à 6 décimètres. Jusqu'à présent, sa culture a été, peut-être à tort, complètement négligée. Monsieur le général Allégro, gouverneur de l'Arad, l'a introduite dans son jardin de Djarra. Les graines de l'arachide, après torréfaction, ont une saveur douce très appréciée des Arabes, qui les désignent sous le nom de *cacahoued.*

Ricin. — Le ricin *(Ricinus communis)* croît très bien dans l'oasis; il atteint rapidement la taille d'un arbre. Les Arabes ne le cultivent pas; ils le laissent pousser à sa guise sur le bord des fossés; on pourrait cependant en tirer un grand profit, soit comme brise-vent en formant des haies épaisses à l'extérieur des jardins non abrités par les palmiers, soit en le cultivant dans les terres les plus arides, pour en récolter les graines, d'où l'on peut extraire une huile abondante employée, comme on sait, en médecine et dans l'industrie.

Céréales

BLÉ ET ORGE. — Les Arabes cultivent peu le blé. Ils pré-
fèrent l'orge, qui sert de nourriture à la fois à l'homme et au
cheval. Au mois de décembre ils ensemencent, non seulement
les terrains de l'oasis, mais encore, si les pluies de l'automne
ont été abondantes, quelques champs dans la plaine qui par
leur situation et la nature de leur sol permettent d'espérer
que la semence sera productive. La récolte se fait au mois de
mai. Dans les années de rendement exceptionnel, un hectolitre de blé ensemencé rapporte 32 hectolitres de grains et
1 hectolitre d'orge peut donner jusqu'à 35 hectolitres.

BÉCHENA[1]. — MAÏS. — La béchena *(Eleusine coracana)* et
le maïs se sèment au mois de juin dans les terres qui viennent
de produire du blé ou de l'orge. La récolte se fait en octobre.
Les graines de maïs torréfiées et la farine de maïs entrent
dans l'alimentation des indigènes. La béchena sert à faire une
pâtée qui est la principale nourriture des Juives soumises à
l'engraissement : on sait que dans tout l'Orient l'engraissement est une pratique courante et très en honneur.

SORGHO. — MILLET. — Le sorgho vient admirablement
dans l'oasis ; le millet est beaucoup moins répandu ; ils se
cultivent à la même époque et de la même façon que la
béchena. Mêmes usages également.

AVOINE. — L'avoine vient bien, mais elle n'est pas cultivée.

---

(1) La *Béchena* est une Graminée du genre *Eleusine*, genre voisin des genres *Panicum*, et
Andropogon. Nous croyons que c'est l'*Eleusine coracana*, de Lamarck. Pour d'autres ce serait
le *Penicillaria spicata* de Wild.

Légumes

Tous les renseignements que nous allons donner sur les légumes qu'on peut récolter dans l'oasis sont le fruit de nos observations personnelles.

Nous procéderons par ordre alphabétique.

AIL. — L'ail *(Allium sativum* L.) se plante par gousses au mois de novembre, se récolte au mois d'avril et de mai, demande à être arrosé une ou deux fois par mois et à être sarclé fréquemment.

ARTICHAUT. — L'artichaut *(Cynara scolymus* L.) se plante au mois de février au moyen d'œilletons pris sur les vieux pieds les plus vigoureux, ou s'obtient par graines semées en octobre. Il faut avoir soin de biner une fois par mois au moins et de fumer fortement deux fois par an, en octobre et en février. Il faut arroser en hiver une fois par mois, au printemps et en été tous les 8 jours. La récolte se fait en mars et avril.

ASPERGE. — L'asperge *(Asparagus officinalis* L.) se reproduit par graines que l'on sème, en pépinière, en octobre, novembre, ou en février, mars. On obtient ainsi des griffes que l'on plante l'année suivante dans des sillons à $0^m,25$ de profondeur entre deux couches de fumier. Il va sans dire que le fumier n'est pas en contact direct avec les racines, mais qu'il en est séparé par un peu de terre des jardins. On arrose une fois par semaine au printemps et en été; on sarcle de temps à autre et on fume tous les ans au mois d'octobre, après la coupe des branches.

L'expérience nous a montré que les différentes variétés d'asperges viennent très facilement dans l'oasis; l'asperge sauvage même, après deux ans de culture, produit des turions se rapprochant comme aspect et comme saveur de l'asperge cultivée; mais il sont d'un plus petit volume.

AUBERGINE. — L'aubergine *(Solanum melongena* L., var. *esculentum* Dun.) se sème en mars et se plante en mai; les fruits mûrissent en juillet, août, septembre, octobre. C'est une plante bisannuelle à Gabès, par conséquent il suffit de couper les vieilles branches en novembre, décembre, et de nouvelles tiges repoussent en avril. La variété qui mérite la préférence est la violette longue. Il faut l'arroser deux fois par semaine en été, la biner de temps en temps et la fumer copieusement.

BETTERAVE A SALADE. — La betterave *(Beta vulgaris* L.) se reproduit par graines semées en automne ou au printemps. Il faut avoir soin de fumer fortement et d'arroser une ou deux fois par semaine. La plante arrive à son terme de croissance au bout de trois ou quatre mois. La variété qui réussit le mieux est la variété rouge-foncé de Castelnaudary.

CARDON *(Cynara cardunculus* L.). — Ses graines doivent être semées, ou plantées, assez espacées en février, mars; la récolte se fait en octobre. Le cardon exige beaucoup de fumier et des arrosages fréquents.

CAROTTE *(Daucus carota* L.). — Deux variétés de carottes sont cultivables dans l'oasis: la variété fourragère et la variété comestible. La carotte fourragère n'est cultivée que par les Arabes; elle se sème depuis fin août jusqu'en décembre, et trois mois après on peut la récolter. Ses racines atteignent parfois des dimensions énormes. La carotte comestible, va-

riété française, peut se semer de la fin d'octobre au commencement de mai. On fume légèrement le sol; on arrose une
fois par semaine et, au bout de 3 mois, on obtient des racines
de fort belle venue. Il faut semer de préférence les carottes
rouges courtes ou demi-longues.

CÉLERI BLANC EN BRANCHES. — Le céleri *(Apium graveo-*
lens L.) se reproduit par graines, en pépinière, en août et
septembre ou en mai et juin, se replante deux mois après la
semaille et se récolte trois mois plus tard. Il faut avoir soin
de planter dans des sillons creusés à 30 ou 40 centimètres,
de bien fumer, bien arroser, et de butter toutes les trois semaines environ.

CÉLERI RAVE. — Mêmes soins que pour le céleri blanc;
mais doit se planter sur terre et à plat.

CERFEUIL. — Le cerfeuil *(Chærophyllum sativum* Lamarck) vient facilement, on le sème en septembre ou en mars.
Il n'exige qu'une fumure modérée; en été il lui faut un peu
d'ombre.

CHICORÉE ORDINAIRE *(Cichorium indivia* L.). — On la
sème de la fin de mars au commencement de juin; on la replante un mois après le semis et trois mois plus tard on la récolte. Il faut la fumer convenablement et l'arroser une fois par
semaine. Pendant les fortes chaleurs on doit garantir les jeunes
plants au moyen de feuilles de choux ou de nattes et les
arroser le soir. On peut cultiver toutes les variétés de chi-
corées frisées dites d'été. Elles blanchissent assez rapidement
si on les lie et si on les recouvre de nattes pour les mettre à
l'abri de l'air et de la lumière.

CHICORÉE AMÈRE *(Cichorium intybus* L.). — Se sème au

mois d'octobre, en rayons, dans une planche fortement fumée; résiste très bien à la chaleur mais demande à être arrosée au moins une fois par semaine. Cette plante est vivace à la condition de la biner et de la fumer de temps en temps.

CHICORÉE ARABE. — Même culture que pour la chicorée ordinaire, craint davantage les chaleurs de l'été.

CHOU POMMÉ *(Brassica oleracea capitata)*. — Se reproduit par graines semées de septembre à mai; se plante ensuite dans un terrain fumé copieusement; demande des binages profonds et de fréquents arrosages. Les variétés à préférer sont : le chou Schweinfurt, qui vient en toutes saisons, puis le chou quintal et le cœur de bœuf, pour le printemps et l'été, et le chou de Milan pour l'automne et l'hiver.

CHOU DE BRUXELLES *(Brassica oleracea bullata gemmifera.)*. — Il se sème en automne ou au printemps. Même culture que pour le chou pommé. Il nous a toujours donné des pédoncules moins charnus que ceux qu'on récolte en France.

CHOU-FLEUR *(Brassica oleracea botrytis cauliflora.)*. — On le sème en juillet-août et on le repique un ou deux mois après dans un terrain fortement fumé. Il vient très bien sur des couches à melons; il faut le biner et l'arroser fréquemment. La variété Lenormand, à pied court, donne de très beaux produits.

CHOU-NAVET *(Brassica napus L.)*. — Se sème en pépinière ou sur place; dans ce dernier cas, avoir soin de l'espacer suffisamment. Les semailles se font en mars et avril; on récolte au mois d'août et de septembre. Il faut cultiver de préférence le chou-navet à col rouge.

CHOU-RAVE OU DE SIAM *(Brassica rapa* L.). — Même culture que pour le précédent. Le chou-rave blanc donne de bons résultats.

CIBOULE *(Allium fistulosum* L.). — Vient assez bien ; on la sème en mars dans une terre meuble et substantielle ; on la replante en mai par petits paquets de deux ou trois plantes réunies.

CITROUILLE ; POTIRON ; COURGE *(Cucurbita maxima* Duch.). — Se sème sur place, en mars, dans une terre bien fumée ; on doit arroser souvent. La récolte se fait en juillet, août et septembre. Les citrouilles atteignent des dimensions colossales.

CONCOMBRE *(Cucumis sativus* L.). — Se reproduit par semis faits en mars, dans un terrain bien fumé. Même culture que pour les courges. La récolte a lieu en mai, juin et juillet. La variété concombre vert long vient parfaitement.

CORNICHON. — Même culture que pour les concombres. Semer de préférence le cornichon vert petit.

CRESSON ALÉNOIS *(Lepidium sativum* L.). — Se sème en tout temps, mais vient plus vite en été. Pendant les fortes chaleurs, il demande un peu d'ombre et de fréquents arrosages. Il se récolte trois semaines après le semis en été, et un mois après en hiver. Cette plante dure peu de temps, elle monte très vite. La variété cresson alénois frisé est la préférable.

CRESSON DES FONTAINES *(Nasturcium officinale* R. Br.) — Se sème ou se plante au printemps sur le bord des eaux courantes ; il vient très bien dans l'oasis.

DENT-DE-LION, PISSENLIT *(Taraxacum dens leonis* Desf.)

— On le sème sur place en rayons aux mois de septembre ;
on éclaircit le plant en octobre et on recouvre les jeunes
pousses avec de la terre relevée en billons. En janvier ou
février les dents de lion percent cette couverture de terre;
elles sont alors bonnes à consommer.

ECHALOTE *(Allium ascalonicum* L). — Elle se multiplie
par ses bulbes que l'on plante presque à fleur de terre dans
un sol bien fumé et pas trop humide. La plantation se fait
en octobre, ou en janvier et février et on récolte en mai et
juin. Nous avons importé l'échalote à Gabès; elle nous a
donné de très bons résultats.

EPINARD *(Spinacia oleracea.).* — L'épinard se sème en
octobre, en rayons, dans un terrain bien fumé et légèrement
humide; il se récolte deux mois après le semis. En été l'épinard est d'une culture difficile, car il monte rapidement. On
le remplace alors avantageusement par le tétragone ou épinard de la Nouvelle-Zélande.

FENOUIL *(Fœniculum officinale* All.). — Les Arabes cultivent beaucoup le fenouil, dont ils mangent les tiges et les
graines. Ils le sèment au printemps, en bordure, dans un terrain humide et bien fumé. Le fenouil atteint dans l'oasis de
très grandes dimensions.

FÉVE *(Faba major* L.). — On la sème en rayons, de novembre à janvier; on bine fréquemment et on récolte en
avril-mai. L'oasis de Gabès convient peu à la culture de la
fève. Cette plante vient au contraire fort bien dans l'oasis de
Gafsa.

HARICOT *(Phaseolus vulgaris* L.). — Les haricots semés
en rayons vers la fin de septembre, sont récoltés en gousses

vertes à la fin d'octobre et en novembre. Semés en mai ou juin, ils sont récoltés deux mois plus tard (juillet-août). Les haricots se contentent d'un terrain médiocrement fumé et arrosé ; les Arabes ne les cultivent pas. Nous avons essayé la culture du haricot blanc ordinaire et du haricot nain d'Alger à grains noirs ; les résultats que nous avons obtenus ont été peu satisfaisants.

LAITUE *(Lactuca sativa* L.). — Se sème en pépinière en en novembre, décembre et en janvier, février ; se replante environ six semaines après dans un terrain bien fumé et humide ; se récolte trois mois après la plantation. Il faut biner et arroser fréquement. Toutes les variétés viennent très bien en hiver, mais à partir du mois de mai elle montent en graines très rapidement.

LAITUE ROMAINE OU CHICON. — Même culture que pour la laitue ordinaire ; on la lie pour la faire blanchir plus vite.

MACHE OU BOURSETTE OU DOUCETTE *(Valerianella olitoria).* — Se sème à la volée dans un terrain bien préparé, en septembre, octobre ou novembre ; on arrose une fois par mois et on récolte en janvier-février.

MELON *(Cucumis melo.* L.). — Les Arabes cultivent beaucoup les melons ; ils procèdent de la manière suivante : ils creusent des fosses qu'ils remplissent avec de la terre et du fumier bien mélangés à parties égales ; ils sèment ensuite à la surface les graines qui ne tardent pas à lever ; ils éclaircissent alors le plant en arrachant les pousses qui paraissent les plus faibles, et ils n'ont plus qu'à arroser par submersion tous les quinze jours au printemps et tous les huit jours en été. Ils cultivent une espèce de melon de forme ovoïde, à écorce jaune verdâtre, ressemblant un peu à la citrouille ; la

chair est peu épaisse, peu sucrée, mais ne manque pas d'a-
rôme; en somme c'est un melon de qualité médiocre. Ayant
été à même de constater que les melons de France donne-
raient de très bons résultats dans les jardins de Chabouni
près de Sfax, nous avons essayé de les cultiver à Gabès : nous
avons obtenu des fruits assez volumineux, à parfum très dé-
veloppé, mais à chair peu sucrée et légèrement fibreuse.
Nous allons tenter cette année de croiser le melon français
avec le melon arabe en opérant la fécondation artificielle.

NAVET *(Brassica napus* L.). — La variété arabe se sème
sur place, à la volée, en mai-juin ou en septembre-octobre,
La variété française ne se sème qu'en octobre-novembre :
toutes deux viennent très bien, sans beaucoup de soins; il
suffit de les éclaircir et de les sarcler. Le navet arabe se rap-
proche beaucoup du navet blanc à collet rose; il devient
très volumineux; un are peut en produire 100 kilogrammes.

OIGNON *(Allium cepa* L.). — L'oignon est cultivé en
grand dans l'oasis. Les Arabes sèment les graines à la volée,
dans un terrain léger, vers la fin du mois d'août et le commencement de septembre ; ils éclaircissent aussitôt après, et
en février, mars ou avril, ils replantent dans un terrain fortement fumé. Ils récoltent en juin-juillet. Les variétés françaises
viennent très bien. Pour recueillir les graines, on plante au
mois de septembre ou d'octobre les plus beaux oignons de la
récolte; on obtient des graines au printemps suivant. L'oignon est une plante qui pousse très bien dans l'oasis : un
are peut en produire 90 kilogrammes. Les Arabes en font une
grande consommation et en exportent beaucoup.

OSEILLE *(Rumex acetosa* L.). — Nous l'avons obtenue par
graines semées au printemps ou à l'automne et par éclats

empruntés à des pieds déjà forts et vigoureux. Nous avons varié les conditions de fumure et d'arrosage; nous sommes toujours arrivés à des résultats assez médiocres.

OSEILLE-ÉPINARD *(Rumex patientia* L.). — Se multiplie facilement au printemps par pieds éclatés ou par graines. On sème ou sur place très clair, ou en pépinière pour replanter. Il faut avoir soin de bien fumer et d'arroser par submersion une ou deux fois par mois au printemps et tous les huit jours pendant les fortes chaleurs. L'oseille-épinard pousse vigoureusement.

PERSIL *(Petroselinum sativum* Hoff.). — Se sème du mois d'octobre au mois de mai. Il demande, au printemps, de l'ombre et de l'humidité. Toutes les variétés viennent bien.

PIMENT *(Capsicum annuum* L.). — « Felfel » des Arabes. On sème les graines en pépinière au mois de février ou de mars; on replante en avril, mai et commencement de juin; on arrose et on sarcle de temps à autre; on récolte en août septembre et octobre. La plante est bisannuelle. Les Arabes cultivent beaucoup le piment, dont ils font une grande consommation.

PASTÈQUE *(Citrullus edulis* Spach.). — Même culture que pour les citrouilles; vient très bien et atteint d'énormes proportions.

POIREAU *(Allium porrum* L.). — Demande une terre substantielle amendée autant que possible avec de la poudrette. Se sème en février, mars et avril. Lorsque la tige a la grosseur d'une plume d'oie, on replante et on inonde aussitôt. On peut aussi semer le poireau en octobre, mais il pousse

moins bien qu'au printemps. Toutes les variétés donnent de bons résultats.

Pois *(Pisum sativum* L., var. *saccharatum* Ser.). — Il faut semer en janvier-février dans un sol un peu humide ; biner, sarcler assez souvent, ramer en temps opportun ; abriter des vents de la mer et inonder deux fois par mois. On récolte fin avril et mai.

Pomme de terre *(Solanum tuberosum* L.). — Se reproduit par le tubercule entier s'il est petit, ou coupé, s'il est gros, en deux ou trois morceaux selon la grosseur et le nombre d'yeux. La pomme de terre demande un terrain meuble, légèrement fumé, inondé pendant peu de temps et peu souvent : une fois par mois en hiver, et tous les vingt jours au printemps et en été. On la plante en septembre et octobre, ou en février, mars, avril ; plantée en hiver, elle donne des résultats moins favorables. Après la mise en terre, il lui faut, pour lever, trois semaines en automne, un mois en hiver, quinze jours en avril et dix jours en mai. On doit biner et butter fréquemment. Les fleurs s'épanouissent deux mois après la plantation et on peut récolter vers le troisième mois. Les différentes variétés viennent toutes bien, cependant il faut donner la préférence à la quarantaine violette. Avant nous, plusieurs expérimentateurs avaient tenté, en vain, de cultiver la pomme de terre dans l'oasis de Gabès. Imitant les Arabes, ils avaient recours à l'inondation à outrance. Ils obtenaient de la sorte des plantes à tiges très vivaces, mais à tubercules rares et gros comme des noisettes ou, tout au plus, comme des noix. Nous avons repris ces expériences et nous avons reconnu qu'il fallait arroser avec beaucoup de modération, en se réglant sur la température extérieure et l'humidité du terrain. En nous conformant aux indications

que nous avons fait connaître plus haut, nous avons obtenu
des tubercules aussi beaux, aussi volumineux que ceux qu'on
récolte en France.

POURPIER *(Portulaca oleracea* L.). — Au printemps ou au
commencement de l'été, on le sème à la volée sur du terreau
ou en un terrain meuble qu'on arrose fréquemment. Dans
l'oasis, le pourpier vient partout à l'état sauvage et il est
même assez difficille de s'en débarrasser.

RADIS *(Raphanus sativus* L.). — Se sème en tout temps
dans un terrain meuble et fumé au préalable ; demande à être
arrosé souvent. Les diverses variétés de radis rouges viennent toutes à merveille. Le radis noir ne se sème qu'en automne, de septembre à décembre.

SALSIFIS *(Tragopogon porrifolius* L.). — Se sème à la
volée ou mieux en rayons en février, mars et avril, ou en
octobre et novembre ; demande un terrain substantiel, bêché
profondément, bien ameubli et amendé avec du fumier bien
consommé. Il faut arroser une fois par semaine en été, deux
fois par mois en automne et au printemps et une fois par
mois en hiver. La récolte se fait cinq à six mois après la
semaille.

TÉTRAGONE *(Tetragonia expansa.).* — Cette plante pousse
admirablement bien et remplace avantageusement l'épinard
ordinaire, qui monte avec une désespérante facilité en été et
même au printemps. On la sème en février-mars, à la volée
ou en sillons, dans un sol bien terreauté. Au bout d'un mois
ou deux la graine lève et pousse avec une grande vigueur ;
il faut alors l'éclaircir ; un seul pied donne d'énormes touffes
qui produisent un grand nombre de feuilles comestibles,

pendant toute l'année et l'été surtout. Avoir soin de biner et d'inonder fréquemment.

TOMATE *(Lycopersicum esculentum* Dun.). — Se sème en pépinière en février-mars, quelquefois même en janvier, dans un jardin bien abrité, ayant reçu une bonne fumure. On replante en avril-mai, en terre substantielle ; on bine et on inonde une fois par semaine au moins. On récolte fin juin, juillet, août, septembre, octobre et novembre. Les fruits deviennent quelquefois très volumineux.

Plantes fourragères

On ne rencontre pas de prairies naturelles dans l'oasis ; le terrain est trop précieux pour qu'on se livre à ce genre de culture. Mais si plus tard, comme nous l'espérons, on arrive, par des forages artésiens, à capter une grande quantité d'eau permettant d'irriguer la plaine, les prairies naturelles ne tarderont certainement pas à apparaître. Les Arabes et les colons seront sollicités par l'appât d'un bénéfice assuré et d'un débouché suffisant. En effet, la troupe d'occupation a besoin, pour son effectif en chevaux et mulets, d'un stock de foin assez considérable ; elle paye cette denrée 12 francs les 100 kilogrammes, à l'entrepreneur des fourrages, qui est obligé de faire venir le foin du nord de la Tunisie et même des environs de Bône, province de Constantine.

Pour le moment, nous n'avons, comme plantes fourragères, que la luzerne, dont la culture tient une place importante dans l'oasis, le sorgho, l'orge en herbe et les carottes.

LUZERNE *(Medicago sativa* L.). — On la sème en décembre et janvier ; elle vient admirablement et donne des récoltes

merveilleuses. Les Arabes font sept à huit coupes par an.
Elle demande peu de soins et n'aime pas les arrosages trop
multipliés; il suffit de submerger tous les quinze jours pendant les fortes chaleurs. Sa végétation est d'une activité véri-
tablement surprenante. Une luzernière peut durer de nombreuses années; mais habituellement on la laboure au bout
de trois ans, pour semer de l'orge à la place. La luzerne con-
sommée à l'état vert est le principal élément de la ration des
chevaux et des ânes appartenant aux Arabes; on la donne
également aux chameaux, aux moutons et même aux chèvres. On la consomme aussi à l'état sec, mais en moins grande
quantité.

Sorgho *(Sorghum vulgare* Pers.). — Le sorgho se sème
après l'orge et le blé; il exige un sol bien fumé et peu humide.
Il vient bien, et sa culture n'est guère moins répandue que
celle de la luzerne.

Orge en herbe. — Les Arabes sèment quelquefois de
l'orge pour la récolter comme fourragère, qu'ils font manger
à l'état vert. Mais nous ne faisons que mentionner le fait, car
il se produit rarement.

Carottes. — Nous avons fait connaître, à propos des légumes, les soins qu'exige la carotte fourrage. Ajoutons qu'elle
est d'un rendement très avantageux: un are peut donner
jusqu'à 150 kilogrammes.

Le sorgho, l'orge en herbe et les carottes constituent un
aliment qui convient tout spécialement aux vaches et aux
chèvres pendant la période de lactation.

Animaux domestiques du sud de la Tunisie

CHEVAL. — Le centre le plus important de la production chevaline, en Tunisie, se trouve entre le Kef et Fériana, dans la grande tribu des Fraichiches. A Gabès, on ne se livre pas à l'élevage du cheval, en raison de l'absence des prairies ; mais néanmoins, dans quelques tribus voisines, on trouve un assez grand nombre de chevaux et on estime à 3000 le chiffre de la population chevaline de l'Arad.

Les chevaux du Sud tunisien appartiennent à la race barbe ou africaine. Tête forte, un peu longue ; front bombé ; poitrine haute, profonde ; côte plate ; garrot bien sorti ; rein long, mal attaché ; croupe courte, maigre et très oblique ; jarrets clos et coudés ; crins grossiers et longs : tels sont les principaux caractères qui distinguent le cheval de Gabès. Anguleux, décousu, il manque souvent d'élégance dans son ensemble ; mais il rachète tous ces défauts par des qualités solides : il est doux, rustique, sobre et d'une grande résistance à la fatigue et à l'usure. En somme c'est un excellent cheval de service.

La robe la plus commune est le gris *(azreg* qui signifie bleu et, par extension, gris). Le cheval azreg est le plus estimé des Arabes du Sud. Sa taille oscille entre 1^m,40 et 1^m,55. Le prix des chevaux varie beaucoup d'une année à l'autre, suivant que la récolte d'orge est plus ou moins abondante. Il est regrettable que la Commission de remonte de Tunis ne vienne jamais à Gabès. Les éleveurs des tribus de l'Arad, et en particulier les Beni-Zid, lui présenteraient sûrement bon nombre de chevaux dignes de son choix, et l'assurance d'un débouché et d'un prix justement rémunérateur seraient un précieux encouragement à donner à la production chevaline de la région du Sud.

ANE. — Propre à tous les services, patient, docile, infatigable, se contentant de fort peu de chose comme nourriture, l'âne est un auxiliaire précieux pour l'Arabe, qui use et abuse du malheureux bourricaut. Fardeaux écrasants, coups de matraques, jeûnes fréquents et prolongés, mauvais traitements de tous genres, on ne lui épargne rien. Et le pauvre petit âne supporte avec patience et résignation toutes les rigueurs d'un sort immérité. Sa conformation est peu élégante : la tête est forte, le front bombé ; les yeux sont cachés sous des arcades orbitaires saillantes ; les ganaches sont bien écartées, mais lourdes ; la croupe est maigre ; les membres bien musclés, à tendons solides, indiquent la force et la vigueur. La taille varie de 0^m,90 à 1^m,20 ; la robe est généralement gris-souris, quelquefois noir mal teint ou blanc sale avec la raie cruciale.

Généralement le bourricaut a l'air malingre, les os saillants et le dos couvert de plaies ; mais avec des soins, des ménagements et une bonne nourriture, il gagne beaucoup en élégance et en force. En résumé le petit âne d'Afrique est un serviteur très utile, portant aussi bien le bât que la selle, et méritant, à coup sûr, beaucoup plus d'égards qu'on ne lui en accorde à l'ordinaire.

Indépendamment du bourricaut, on utilse encore, à Gabès, un âne de la même race, mais beaucoup amélioré par la gymnastique fonctionnelle et par la sélection, que l'on désigne sous le nom d'âne de l'île de Djerba. Il est plus grand (1^m,15 à 1^m,30), plus fort, généralement noir mal teint avec le bout du nez lavé ; ses caractères zootechniques sont les mêmes que ceux du précédent. Il est généralement employé comme **monture.**

MULET. — On ne produit pas le mulet aux environs de Gabès. Ceux qu'on rencontre, en petit nombre d'ailleurs, proviennent des réformes de l'armée d'occupation ou ont été achetés dans le nord de la régence.

DROMADAIRE (dans le pays on le désigne à tort sous le nom de chameau). — Par ses nombreuses qualités bien connues de tout le monde, et, en particulier, par sa force, par sa sobriété proverbiale et son endurance à la fatigue, le dromadaire est l'animal domestique par excellence des tribus du Sud, dans cette région où l'eau est rare et le sol sablonneux, où les routes ne sont que des pistes à travers champs, à peu près impraticables à nos voitures et même aux Arabas.

Que de services rend cet animal si disgracieux ! Pour le bât, il est incomparable, étonnant ! Attelé à la charrue, il trace patiemment le sillon ; monté, il est capable d'allures rapides et soutenues. Et ce n'est pas tout : sa chair est très appréciée ; le lipôme qui constitue la bosse est, paraît-il, un morceau de choix pour les indigènes. Son poil sert à fabriquer des tissus imperméables, d'une solidité extraordinaire (tapis, toiles de tente, etc.). Enfin le lait de la chamelle, d'une saveur saline, est utilisé comme boisson ; il passe chez les Arabes pour préserver d'un grand nombre de maladies.

Le méhari, ou chameau coureur, est inconnu à Gabès ; on ne le rencontre que beaucoup plus au sud, à Douz et chez les Touareg.

Un bon chameau, dans les années ordinaires, coûte environ 300 francs.

La maladie des chameaux la plus connue est la gale, que les Arabes traitent par la bouse de vache, les bains demer et les applications de goudron. En février, mars et avril 1889, une épizootie meurtrière a sévi sur la population caméline de la tribu des Oudernas (frontière tripolitaine). La fraction des

Touazines a perdu, à elle seule, plus de 900 chameaux. Les autorités militaires nous ont confié la mission d'étudier les caractères de cette épizootie ; nous avons reconnu l'existence de la péripneumonie contagieuse, maladie qui jusqu'à ce jour n'avait pas encore été, que nous sachions, décrite chez les camélins : elle nous a présenté les mêmes symptômes et les mêmes lésions que la péripneumonie du gros bétail.

BOVIDÉS. — Les bœufs sont très rares dans l'Arad, car les pâturages ne sont pas assez plantureux pour en permettre l'élevage. Si, comme nous l'avons répété à maintes reprises, de belles nappes d'eau d'origine artésienne permettaient d'obtenir de vastes prairies, l'élevage du bœuf, en vue la consommation pour la troupe, serait certainement une opération très fructueuse. Tous les bovidés qu'on livre actuellement à la boucherie proviennent de Djerba, de Sfax et même du nord de la Tunisie, de Souk-el-Kmis et de Béja. Ce sont des bœufs de race ibérique, variété algérienne, d'un rendement net de 45 à 50 pour 100 du poids brut. Le fournisseur de la viande pour la troupe a soumissionné au prix de 88 centimes par kilogramme. Cette année (1889) le bétail se vend à très bas prix. Un bœuf acheté cent piastres (60 francs) donne environ 85 kilogrammes de viande, poids net.

Depuis trois ans que nous sommes chargés de l'inspection de la boucherie, nous n'avons pas constaté un seul cas de tuberculose.

MOUTON. — L'élevage du mouton se fait sur une assez grande échelle dans l'oasis de Gabès et dans les environs. De nombreux troupeaux trouvent leur pâture dans les plaines sablonneuses où croissent de maigres, mais savoureuses petites plantes arénicoles. Pour achever l'engraissement, les Arabes ont recours aux fourrages verts et aux noyaux de dattes concassés et mélangés à des dattes de qualité inférieure.

On ne rencontre aux environs de Gabès que le mouton dit
« à large queue ». Il présente le caractère de la race syrienne
ou asiatique : front large et plat, chanfrein droit, arcades
orbitaires saillantes. Il existe aussi une variété dont le chanfrein est légèrement busqué et le front plus étroit. Les cornes
font souvent défaut chez les mâles ; elles sont toujours
absentes chez la femelle ; par contre il n'est pas rare de trouver
des béliers ayant quatre et même six cornes. Nous avons
observé fréquemment l'atrophie plus ou moins complète de
la conque auriculaire ; mais cette atrophie n'amène pas la
surdité. L'existence de cette anomalie est bien connue des
Arabes, qui désignent les moutons qui la présentent sous le
nom d' « akrout » (sans oreilles). Les rites leur défendent de
les sacrifier les jours de fête religieuse.

La toison est généralement blanche, quelquefois noire ou
rousse ; sa qualité est très variable ; certaines familles donnent
une laine très fine, qui sert à la confection des tissus d'Ouderef
et de Djerba (burnous, tapis, couvertures), qui ont une grande
renommée dans toute la régence.

Le mouton de Gabès a la réputation d'avoir la chair très
savoureuse et dépourvue de cette odeur de suint si commune
et si désagréable chez la plupart des moutons d'Afrique ; il
doit probablement cette qualité à son genre de nourriture.
Un mouton ordinaire fournit de 12 à 16 kilogrammes de viande
de boucherie. Mais par l'engraissement on obtient des moutons
qui donnent jusqu'à 35-40 kilogrammes de poids net et dont
les masses adipeuses de la queue, morceau très recherché
par les Arabes, pèsent jusqu'à 10 kilogrammes. Notons en
passant que la présence de ces énormes loupes graisseuses
de la queue rend l'accouplement assez difficile et nécessite
l'intervention du berger. Un mouton donne en moyenne
45 pour 100 du poids vif, et coûte 50 centimes le kilogramme.

Chèvre. — On trouve à Gabès deux variétés de chèvres : la chèvre maltaise et la chèvre arabe.

La chèvre maltaise, importée depuis longtemps, est trop connue pour que nous ayons à nous appesantir sur ses carac - tères. Disons seulement que ses qualités laitières si prononcées en font un animal précieux dans le pays.

La chèvre arabe se rattache, comme la précédente d'ailleurs, à la race nubienne. Elle est de taille moyenne ($0^m,75$) généralement noire avec des tons roux à l'extrémité des poils des flancs, de la croupe et des membres postérieurs. Le chanfrein est droit, le front bombé ; les cornes se dirigent directement en arrière de haut en bas et de dedans en dehors, puis se recourbent assez brusquement pour contourner les oreilles ; celles-ci sont énormes, très longues et très larges. Le menton est pourvu d'une légère barbe ; le poil est assez long, mais peu fourni et rude. Les mamelles sont peu développées. Après la parturition, la chèvre arabe peut donner jusqu'à deux litres de lait par jour, pendant deux mois, à la condition de recevoir une nourriture abondante et très aqueuse.

On trouve assez fréquemment des chèvres d'un pelage noir et blanc ; le blanc se rencontre surtout sur la face, aux extrémités des pattes, au poitrail et aux flancs. Enfin on trouve même des chèvres entièrement blanches, mais d'un blanc sale, jaunâtre.

Ajoutons que l'existence du canal biflexe, entre les onglons, n'est pas très rare chez les chèvres tunisiennes. Les Arabes élèvent la chèvre en vue de la production du lait et de la viande : vendue pour la boucherie elle vaut de 3 à 4 francs et donne 8 à 10 kilogrammes de poids net.

Chiens. — Les Arabes n'élèvent guère que deux races de chiens : le kelb ou chien de douar et le sloughi ou lévrier. Ils croisent quelquefois le kelb et le sloughi et ils obtiennent des bâtards qui possèdent, dit on, des qualités précieuses pour la chasse au sanglier.

Kelb ou chien kabyle, chien de douar, chien arabe. — Le kelb est un chien à long poil, de la taille du chien de la Brie, dont l'extérieur rappelle dans son ensemble la conformation du chacal : il est habituellement sous poil blanc sale ou jaunâtre ; mais souvent il présente des taches foncées sur fond clair et quelquefois même il est franchement roux. Le museau est un peu effilé ; le front est large, bombé et présente une légère scissure médiane ; les oreilles sont courtes, droites et dirigées en avant ; les yeux noirs et très vifs ; le cou est épais, le corps arrondi, la queue en trompette et généralement déviée du côté gauche. Les membres sont gros et forts. Le poil, presque ras sur la tête, est long sur tout le corps, particulièrement au cou, à la queue où il forme panache, et à la face postérieure des membres.

Le kelb est préposé à la garde des douars, et il s'acquitte à merveille de cette fonction : sa méchanceté native encore accrue par les mauvais traitements, son hostilité pour les étrangers, l'acuité de son ouïe et de sa vue, la force de sa voix, la puissance de ses mâchoires lui rendent d'ailleurs la tâche très facile. Lorsqu'il est jeune et gras, il sert souvent de nourriture aux habitants de l'oasis ; sa chair paraît, avec honneur, sur un plat de couscouss.

Les Arabes considèrent le chien kabyle comme un animal abject ; le mot kelb est un terme de mépris fréquemment usité.

Le malheureux kelb n'est l'objet d'aucun soin ; sa nourriture est souvent problématique ; il en est maintes fois réduit à éplucher les immondices et à chercher dans les tas de fumier une alimentation aussi rare que peu substantielle.

> Rien d'assuré, point de franche lippée ;
> Tout à la pointe l'épée.

Aussi, comme le loup de la fable, bien souvent il n'a que les os et la peau.

A notre arrivée en Tunisie nous avons été vivement frappés de la ressemblance, de l' « air de famille » qui existe entre le chien des Pyrénées et le chien kabyle. Le chien des Pyrénées descendrait-il de chiens importés par les Arabes au temps de leurs invasions en Espagne et en France? et la différence de taille ne pourrait-elle pas s'expliquer par les influences du climat, du régime, etc.? Nous ne sommes pas à même de pouvoir trancher cette question; mais nous la soumettons à la sagacité des gens compétents.

SLOUGHI. — Le sloughi est un lévrier à poil ras, dont le pelage varie de blanc sale à roux foncé. Inutile de décrire ses longues lignes, son long museau pointu, ses longs membres grêles; ses caractères sont suffisamment connus. On recherche chez le sloughi une poitrine haute, un ventre très levretté, une croupe musclée et un peu plus élevée que le garrot; des tendons forts, larges et très durs; des pieds un peu larges, dont la surface plantaire soit ferme, souple et exempte de crevasses, et dont les ongles ne soient pas recourbés en dessous. On considère comme signe de race l'absence du premier doigt; lorsqu'il existe, on le fait tomber à l'aide d'un fil ciré, car, dans les grandes allures, il arrive au contact du sol et peut alors devenir le siège d'excoriations douloureuses. Les Arabes mettent fréquemment le feu en raies à l'avant-bras et aux articulations, pour donner plus de force à ces régions; aux flancs et le long des dernières côtes, pour favoriser, disent-ils, les mouvements respiratoires. Ils ont aussi l'habitude de couper une oreille, ou même les deux, au chien qui chasse le lièvre. Enfin, parfois, pour obtenir des sujets très levrettés, ils enveloppent le ventre dans un bandage très serré qui fait le tour du corps au niveau des reins, et

qu'ils laissent à demeure pendant toute la durée de la croissance.

Le sloughi est le favori de la tente. S'il reçoit peu de
caresses (les Arabes n'aiment guère à caresser les chiens) il
a du moins la nourriture et le gîte assurés. Il est employé à
la chasse à courre du lièvre et de la gazelle. Beaucoup de
sloughis prennent le lièvre à la course, mais bien peu peuvent
forcer la gazelle en plaine. Cependant dans les régions très
sablonneuses, sur les bords des sebkras et des chotts, la
gazelle perd beaucoup de ses avantages, ses pieds si petits
s'enfoncent assez profondément, d'où un ralentissement dans
la vitesse de son allure. Le sloughi, dont le pied plus large
enfonce moins, peut dans ces conditions atteindre sa victime
et s'en rendre maître.

CHIENS EUROPÉENS. — Depuis l'occupation, on a introduit en Tunisie des chiens de la plupart de nos races françaises. Les caniches, les épagneuls, et, en général tous les
chiens à long poil résistent mal au climat, s'y anémient en
peu de temps ; la tonte, les bains, les toniques, etc., ne réussissent pas toujours à les sauver. Par contre, les chiens à
poils ras, et notamment les braques, s'acclimatent fort bien
et font souche à Gabès.

Animaux de Basse-Cour

Avant de terminer cette étude, il nous resterait à parler
des lapins et des oiseaux de basse-cour : canards, oies, din-
dons, poulets, pigeons, etc. Tous ces animaux sont en effet
connus et utilisés à Gabès ; mais ils ont peu d'importance au
point de vue agricole et zootechnique et leur étude zoolo-
gique n'offre rien de particulier. Nous ne voulons cependant

pas quitter ce sujet sans dire un mot de l'autruche. On sait qu'en Algérie l'élevage de l'autruche a pris un assez grand développement. Nous croyons, avec MM. le commandant Landas, Lafitte et Servonnet, que les colons pourraient très fructueusement se livrer à cette opération à Gabès; il serait facile d'approvisionner les parcs d'élevages par des importations faites de Tripoli.

Procédé de culture des Arabes

INSTRUMENTS. — Les instruments dont les Arabes se servent pour la culture sont simples et peu nombreux ; nous en ferons connaitre quatre : la mésàa, la mahcha, la mengel et l'hadjama.

La *mésàa* se compose d'une lame en fer battu ou aciéré, de 20 à 25 centimètres de longueur sur 15 à 18 de largeur, emmanchée à la façon d'une pioche à un manche solide et court. Elle sert aux mêmes usages que la bêche.

Le *mahcha* est une sorte de large serpe dont les deux bords sont tranchants. Les Arabes s'en servent avec une très grande habileté manuelle pour sarcler les plants, ratisser les allées, couper l'herbe, etc.

Le *mengel* ressemble à une serpette ou à une petite faucille à main, dont la lame, au lieu d'être affilée, est dentelée en scie. On l'emploie pour faucher la luzerne, pour récolter le blé, l'orge, le henné, etc.

L'*hadjama* est un grand couteau très tranchant qui sert spécialement à creuser le sillon circulaire au sommet des palmiers dont on veut obtenir du lagmi.

Enfin, pour labourer la plaine, on utilise une sorte d'araire très primitive, trainée par un cheval ou par un chameau ; le labourage est toujours très superficiel.

ASSOLEMENTS. — Les assolements n'ont absolument rien de régulier; l'Arabe alterne surtout ses récoltes d'après ses besoins personnels ou la plus ou moins grande richesse du sol. Dans la plaine, il ne sème toujours que de l'orge ou du blé, il n'ensemence que les endroits déclives possédant un peu d'humus et ayant des chances d'être arrosés par les pluies de l'automne et du printemps. Le champ reste quelquefois plusieurs années de suite en jachère. Dans l'oasis, où les conditions de culture sont tout à fait différentes, les récoltes se succèdent sans interruption ; après l'orge et le blé, viennent le sorgho et la béchena ; après une plante sarclée, une autre encore, et ainsi de suite sans que la fécondité du sol diminue jamais. Les irrigations, les débris des végétaux et les engrais se chargent de réparer les pertes de cette terre prodigue.

ENGRAIS. — Les Arabes utilisent avec soin le fumier, la poudrette et les terreaux.

FUMIER ANIMAL. — Ils ramassent les crottins des chevaux et des ânes, ainsi que les crottes des autres animaux domestiques, et ils mélangent le tout avec des débris d'alfa ou de paille et les détritus de la maison ou de la tente. Quand, par suite de la fermentation, ce fumier est bien consommé, ils le portent dans leurs champs au moment opportun ; le transport se fait à dos de bourricault, à l'aide de grands couffins.

Le fumier du camp est aussi, en grande partie, utilisé par les Arabes de l'oasis.

FUMIER HUMAIN OU POUDRETTE. — Le fumier humain ou poudrette est recueilli dans de petites fosses d'aisance peu profondes, entourées de murs, situées aux alentours ou même dans l'intérieur du village. De temps à autre, les matières fécales sont recouvertes d'une couche de terre légèrement séchée au soleil ; on obtient de la sorte un engrais d'excel-lente qualité.

TERREAU. — Les indigènes fabriquent du terreau en mélangeant de la terre vierge avec de la paille pourrie, avec des débris organiques de tout genre, avec le sang des abat-toirs, etc.

Ils n'ignorent pas quels sont les avantages que l'on peut retirer de l'emploi des engrais ; ils savent parfaitement que plus leur champ sera fumé, plus la récolte sera belle ; ils fument surtout pour les semailles d'hiver, pour les céréales.

Moyens à employer pour étendre la superficie de l'oasis. Améliorations à apporter aux méthodes de culture. Cultures nouvelles à introduire.

a) ETENDRE L'OASIS. — Nous avons indiqué, au cours de ce mémoire, la marche à suivre et les moyens à mettre en œuvre pour augmenter la superficie de l'oasis. Nous allons résumer sous une forme synthétique plus saisissante tout ce que nous avons dit concernant cette importante question.

1° Avec le système des eaux actuel — en mieux réglant la distribution des eaux, en creusant de nouveaux canaux d'ir-rigation — il serait possible de mettre en culture une zone de terrain d'environ 300 mètres de largeur sur 5 à 6 kilo-mètres de longueur, située au nord de l'oasis entre Bou-chemma et Gabès.

2° A l'aide de pompes élévatoires actionnées par la chute d'eau du barrage militaire de Menzel, on pourrait conduire l'eau de l'oued sud (eau qui jusqu'à présent s'en va presque toute à la mer) dans un réservoir situé sur le petit mamelon de Tacape. De cette manière il serait facile d'irriguer la plaine du côté de Gabès au sud de l'oasis. Le sol, ainsi amendé et arrosé, se prêterait sûrement à la culture du palmier, de la luzerne, de l'orge, etc.

3° Par le forage de puits artésiens : — M. le commandant Landas et M. Baronnet, ingénieur, ont creusé à l'exploitation agricole de l'Oued-Mélah, située à 18 kilomètres au nord de Gabès, des puits artésiens qui ont donné de magnifiques résultats. L'eau de ces puits a la plus grande analogie, au point de vue des caractères physiques et chimiques, avec l'eau des sources de la Métouïa, de Granouch, de Ras-el-Oued, de Zrig et de Téboulbou. De plus, toutes ces sources sont très voisines les unes des autres; elles s'échelonnent de l'Oued-Mélah à Métrech. Ne sommes-nous pas autorisés à croire que toutes proviennent de la même nappe d'eau, et peut-on nous taxer de témérité lorsque nous disons qu'en forant des puits artésiens aux environs de Bou-chemma et sur le versant nord des collines de Métrech on aurait de très nombreuses chances de réussite? Evidemment ce ne sont là que des hypothèses ; mais des hypothèses très légitimes et auxquelles les inductions tirées des considérations que nous venons de faire valoir donnent, ce nous semble, un sérieux appoint de probabilité. Il n'est pas besoin de longs développements pour faire comprendre toute l'importance de pareils travaux et les conséquences qui en découleraient au point de vue agricole; tous les terrains jusque-là stériles situés au nord et au sud de l'oasis se transformeraient en champs de céréales, en prairies artificielles, et peut-être même en prairies naturelles ; l'élevage ne tarderait pas à prendre de l'extension, etc. Qu'on donne de l'eau et l'initiative individuelle, stimulée par l'appât du gain, fera le reste. — Il est vrai que le forage de puits artésiens nécessite un matériel coûteux et des capitaux qui ne sont pas généralement à la portée des modestes ressources des colons. Nous ne nous dissimulons pas cette difficulté ;

mais il est permis de compter sur l'action des syndicats ou
des compagnies, ou sur l'intervention de l'Administration du
protectorat.

b) AMÉLIORER LES MÉTHODES DE CULTURE. — Les Arabes cultivent l'oasis avec beaucoup de soins : ils savent employer avec discernement les irrigations et les engrais ; mais
ils taillent la vigne d'une façon peu rationnelle et il ignorent
la greffe. Or, les abricotiers, les pruniers, les pêchers, les
poiriers, les pommiers, les cognassiers ne donnent à Gabès
que des fruits de qualité très inférieure ; il y aurait lieu de
les améliorer en les greffant avec nos bonnes espèces de
France : c'est pourquoi nous attirons particulièrement l'atten-
tions des colons sur les avantages de la taille et de la greffe.

c) CULTURES A INTRODUIRE. — Nous ne ferons que rap-
peler que : 1° nous avons essayé expérimentalement la culture
du coton et nos expériences nous ont donné de bons résultats ; 2° nous avons dit que la culture de l'arachide était peut-
être à tenter ; 3° nous avons, avec succès, introduit l'échalotte ;
4° nous sommes parvenus à obtenir le pomme de terre en
abondance ; 5° nous avons fait connaître toutes les indications
nécessaires pour obtenir la plupart des légumes ; 6° nous
avons décrit les animaux domestiques du sud de la Tunisie
et nous avons montré tout ce qu'on était en droit d'en atten-
dre comme service ou comme rapport, etc., etc. Nous pour-
rions ajouter que l'avoine vient bien, que sans doute le frai-
sier donnerait des fruits à l'ombre des palmiers, que l'élevage
de l'autruche serait probablement rémunérateur ; mais comme
nous ne pouvons pas donner de faits positifs à l'appui de ces
dernières assertions, nous nous bornons là.

Conclusion

Nous avons dit ce que nous avons vu et ce que nous avons fait. Si cette modeste étude peut être de quelque utilité à ceux qui auraient l'intention de venir coloniser le sud de la Tunisie — soit qu'elle leur donne quelques indications sur le climat, les ressources et les besoins du pays, soit qu'elle leur enlève des illusions ou des espérances chimériques, — nous aurons atteint le but que nous nous étions proposé.

TABLE DES MATIÈRES

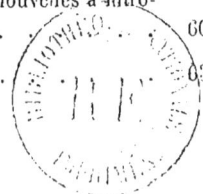

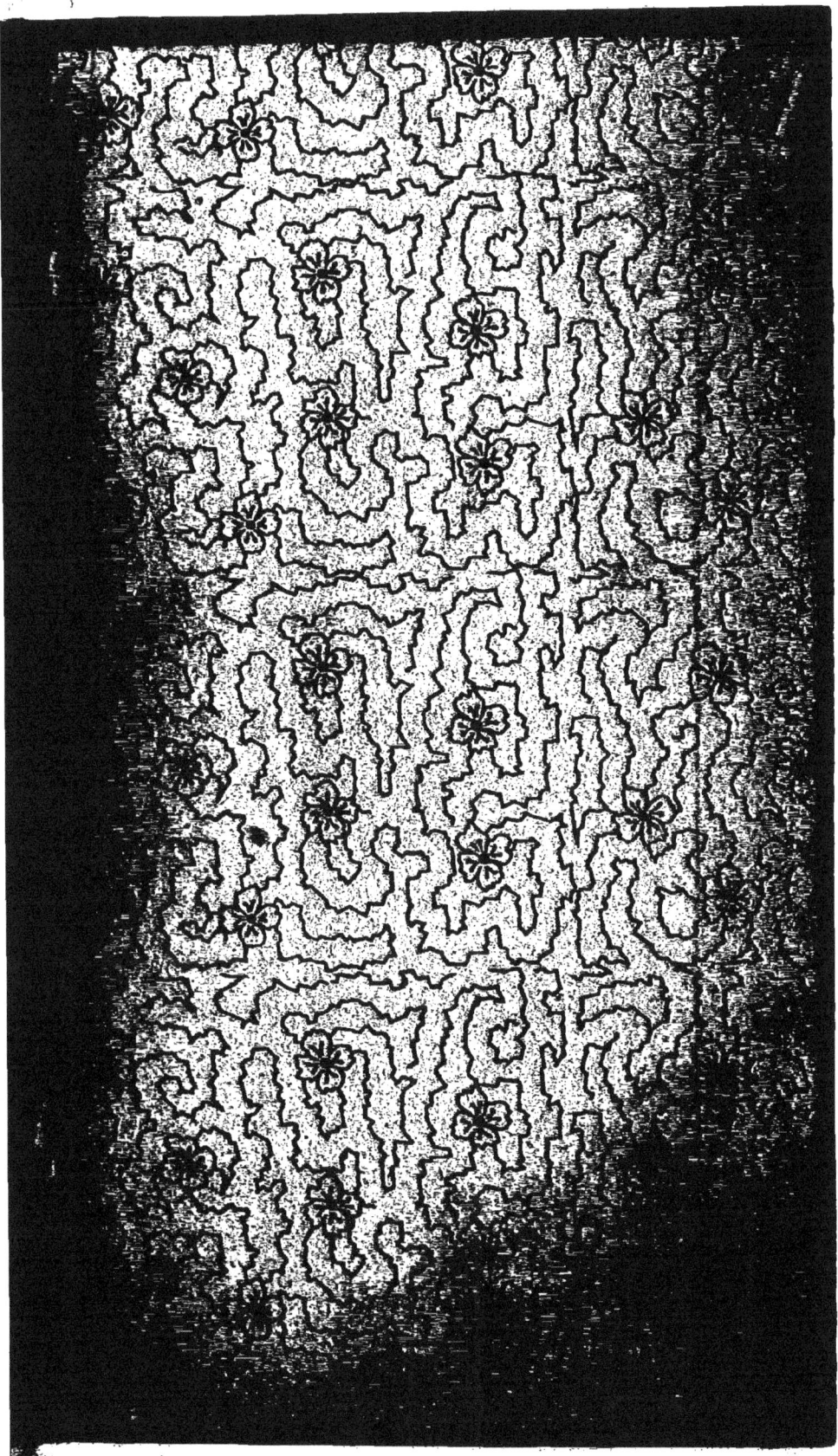

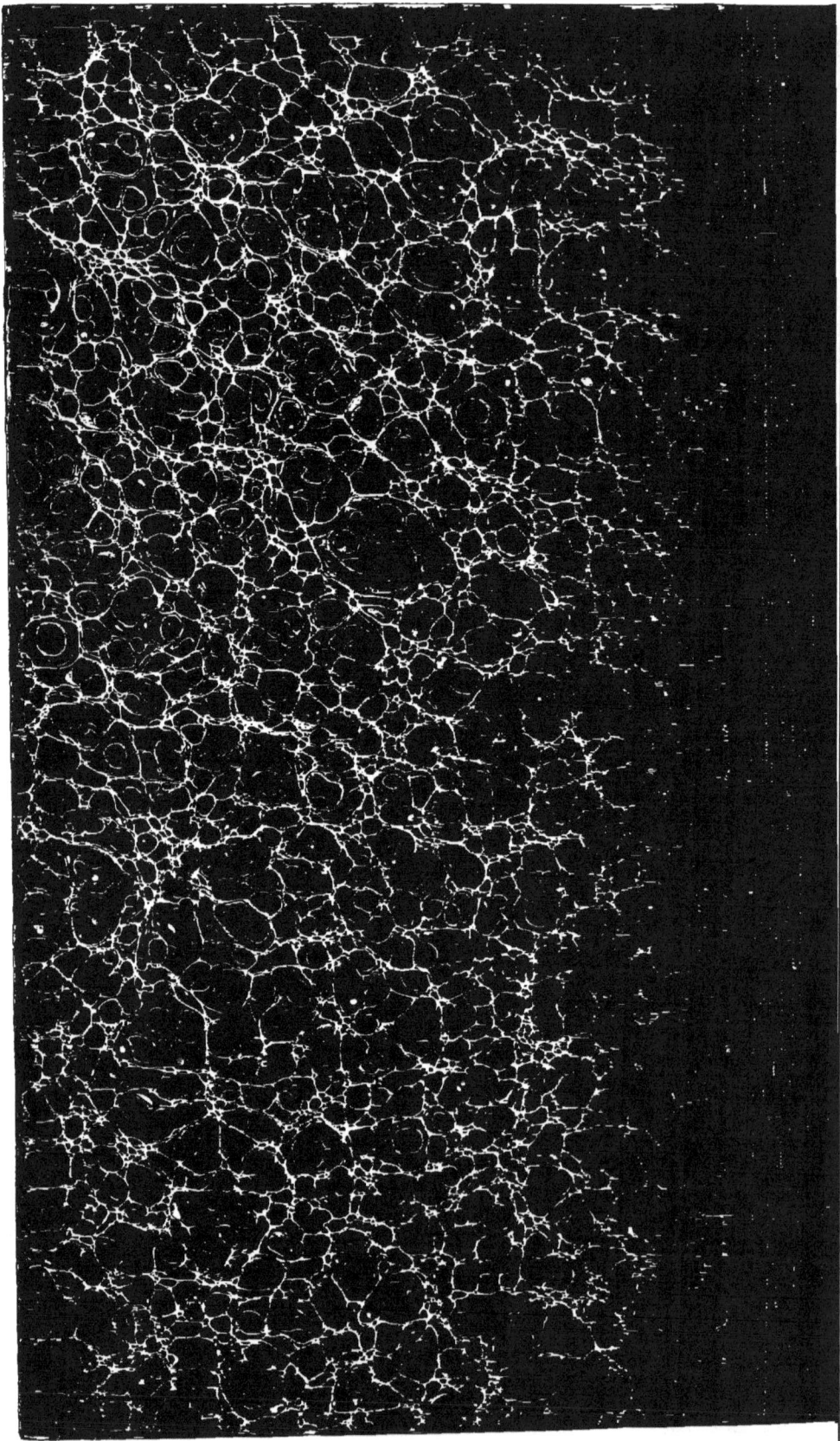